普通高等教育物联网工程专业系列教材

物联网基础技术及应用

马飒飒　王伟明　张磊　张勇　主编

西安电子科技大学出版社

内 容 简 介

    本书首先介绍了物联网的基本概念以及物联网与互联网、嵌入式系统等技术的联系，然后分别对物联网全面感知、网络通信和信息处理等基础技术进行了详细介绍，最后列举了物联网在各个领域的典型应用，包括物联网业务平台、M2M、智能医疗、智能交通、智能家居、智能物流、智能农业和智慧城市。

    本书可作为高等院校物联网专业、计算机专业和电气信息类本科生学习物联网技术的基础教材，也可作为高职高专和职业培训机构的物联网工程专业培训教材，同时，对从事物联网及计算机网络工作的工程技术人员也有参考价值。

图书在版编目(CIP)数据

物联网基础技术及应用/马飒飒等主编. —西安：西安电子科技大学出版社，2018.1(2021.4 重印)

ISBN 978 - 7 - 5606 - 4757 - 9

Ⅰ. ①物… Ⅱ. ①马… Ⅲ. ①互联网络—应用 ②智能技术—应用

Ⅳ. ①TP393.4 ②TP18

中国版本图书馆 CIP 数据核字(2017)第 295996 号

策　　划　刘小莉
责任编辑　张静雅　阎　彬
出版发行　西安电子科技大学出版社(西安市太白南路 2 号)
电　　话　(029)88242885　88201467　　　邮　编　710071
网　　址　www. xduph. com　　　　　　　电子邮箱　xdupfxb001@163.com
经　　销　新华书店
印刷单位　陕西天意印务有限责任公司
版　　次　2018 年 1 月第 1 版　2021 年 4 月第 3 次印刷
开　　本　787 毫米×1092 毫米　1/16　印张 12
字　　数　280 千字
印　　数　4001～6000 册
定　　价　29.00 元

ISBN 978 - 7 - 5606 - 4757 - 9/TP

XDUP 5059001 - 3

＊＊＊如有印装问题可调换＊＊＊

前　言

物联网的出现被称为是继计算机、互联网后世界信息产业发展的第三次浪潮。从物联网的市场来看，2017年上半年，中国物联网整体市场规模接近5000亿元，预计2017年至2022年之间的复合增长率为40％以上。物联网的发展已经上升到国家战略的高度，必将有大大小小的科技企业受益于国家政策扶持，进入科技产业化的过程中。从行业的角度来看，物联网主要涉及的行业包括电子、软件和通信，通过各种感知手段识别相关信息，由通信设备和服务传输信息，最后通过云计算等技术处理存储信息。而这些产业链的任何环节都会形成相应的市场，可以说，物联网产业链的细化将带来市场的进一步细分，造就一个庞大的物联网产业市场。

物联网是典型的交叉学科，涉及电子信息专业、计算机科学与技术专业、测控专业、通信工程专业等多方面专业知识。目前符合大学电子信息工程专业本科教学要求的教材较少，社会上对物联网技术书籍的需求量很大。但目前市场上出版的物联网教科书与技术书籍主要内容大多只涉及射频识别技术和传感器网络技术两大部分，容易给读者造成物联网技术就是"射频识别""传感器＋网络"的误解，虽然有一些教材对各种技术进行了详细阐述，但偏离了本科生能够理解接受的范围。本书基于本科生的理解接受能力，将物联网涉及的主要基础技术进行了全面详细的介绍。

本书主要分为三部分，分别按物联网的体系架构分层次详细讲述物联网各类相关技术。

第一部分（第1章）为物联网概述，分别介绍了物联网的起源、物联网的结构层次、物联网与互联网和嵌入式系统以及其他热门技术的关系。

第二部分（第2章至第4章）介绍了物联网的三层架构（包括感知层、网络层和应用层）。第2章讲述了感知层基础技术，主要包括传感器技术、RFID技术和条码感知技术。第3章讲述了网络层基础技术，主要包括有线和无线网络、OSI七层模型、现场总线技术和无线通信技术。第4章讲述了应用层基础技术，主要包括大数据技术、云计算技术和机器学习技术。

第三部分（第5章）为物联网的典型应用，分别从物联网业务平台、M2M、智能医疗、智能交通、智能家居、智能物流、智能农业、智慧城市八个方面阐述了物联网技术的实际应用。

本书力争紧跟物联网技术的最新发展，并做到内容丰富、语言简洁易懂、适用范围广，既可作为高等院校电子信息类专业"物联网技术"课程教材或教学参考书，也可以作为物联网技术培训教材。对于具有一定信息网络基础知识，并希望进一步提高技术水平的读者，本书也可供其参考。

  本书由马飒飒、王伟明、张磊、张勇主编,在编写过程中,编者参考了国内外部分物联网及计算机网络方面的文献资料,在此一并对相关作者表示感谢。如发现本书有错误或不妥之处,恳请广大读者提出意见和建议。在本书编写过程中,得到了军械技术研究所、石家庄铁道大学和河北工业大学等单位的大力支持,石家庄铁道大学电气与电子工程学院硕士研究生佀明华、杨萌、何亚轩和河北工业大学控制科学与工程学院硕士研究生汪洋、郭莹莹参与了部分章节的材料整理和校对等工作,在此表示感谢!

编 者

2017 年 9 月

目　录
Contents

第 *1* 章
物联网概述

物联网是新一代信息技术的重要组成部分，也是"信息化"时代的重要发展阶段。物联网的概念最初是在 1999 年提出的，该概念将物联网定义为通过射频识别（RFID）、红外感应器、全球定位系统、激光扫描器、气体感应器等信息传感设备，按约定的协议，把任何物品与互联网连接起来，进行信息交换和通信，以实现智能化识别、定位、跟踪、监控和管理的一种网络。物联网通过智能感知、识别技术与普适计算等通信感知技术，广泛应用于网络的融合中，也因此被称为继计算机、互联网之后世界信息产业发展的第三次浪潮。物联网是互联网的应用拓展，与其说物联网是网络，不如说物联网是业务和应用。因此，应用创新是物联网发展的核心，以用户体验为核心的创新 2.0 是物联网发展的灵魂。本章详细阐述了物联网的起源、体系结构、与互联网的关系以及嵌入式系统在物联网中的应用等。

1.1　物联网的起源

物联网是指通过各种信息传感设备，实时采集任何需要监控、连接、互动的物体或过程等各种需要的信息，与互联网结合形成的一个巨大网络。其目的是实现物与物、物与人、所有的物品与网络的连接，方便识别、管理和控制。物联网是一个基于互联网、传统电信网等信息承载体，让所有能够被独立寻址的普通物理对象实现互联互通的网络，其具有智能、先进、互联这三个重要特征。

物联网的实践最早可以追溯到 1990 年施乐公司的网络可乐贩售机——Networked Coke Machine。

1995 年，比尔·盖茨在《未来之路》一书中曾提及物联网，但未引起广泛重视。

1999 年，美国麻省理工学院（MIT）的 Kevin Ashton 教授首次提出物联网的概念。同年，美国麻省理工学院建立了"自动识别中心"（Auto-ID），提出"万物皆可通过网络互联"，阐明了物联网的基本含义。早期的物联网是依托射频识别技术的物流网络，随着技术和应用的发展，物联网的内涵已经发生了较大变化。

2003 年，美国《技术评论》提出传感网络技术将是未来改变人们生活的十大技术之首。

2004 年，日本总务省（MIC）提出 u-Japan 计划，该战略力求实现人与人、物与物、人与物之间的连接，希望将日本建设成一个随时、随地、任何物体、任何人均可连接的泛在网络社会。

2005 年 11 月 17 日，在突尼斯举行的信息社会世界峰会（WSIS）上，国际电信联盟（ITU）发布《ITU 互联网报告 2005：物联网》，其中引用了"物联网"的概念。物联网的定义和范围已经发生了变化，覆盖范围有了较大的拓展，不再只是指基于射频识别技术的物联网。

2006 年，韩国确立了 u - Korea 计划，该计划旨在建立无所不在的社会（Ubiquitous Society），在民众的生活环境里建设智能型网络（如 IPv6、BcN、USN）和各种新型应用（如 DMB、Telematics、RFID），让民众可以随时随地享有科技智慧服务。2009 年，韩国通信委员会出台了《物联网基础设施构建基本规划》，将物联网确定为新增长动力，提出到 2012 年实现"通过构建世界最先进的物联网基础设施，打造未来广播通信融合领域超一流信息通信技术强国"的目标。

2008 年，为了促进科技发展，寻找经济新的增长点，各国政府开始重视下一代的技术规划，将目光放在了物联网上。在中国，同年 11 月在北京大学举行了第二届中国移动政务研讨会"知识社会与创新 2.0"专家们提出移动技术、物联网技术的发展代表着新一代信息技术的形成，并带动了经济社会形态、创新形态的变革，推动了面向知识社会的以用户体验为核心的下一代创新（创新 2.0）形态的形成，创新与发展更加关注用户、注重以人为本。而创新 2.0 形态的形成又进一步推动了新一代信息技术的健康发展。

2009 年，欧盟执委会发表了欧洲物联网行动计划，描绘了物联网技术的应用前景，提出欧盟政府要加强对物联网的管理，促进物联网的发展。

2009 年 1 月 28 日，奥巴马就任美国总统后，与美国工商业领袖举行了一次"圆桌会议"，IBM 首席执行官彭明盛首次提出"智慧地球"这一概念，建议新政府投资新一代的智慧型基础设施。当年，美国将新能源和物联网列为振兴经济的两大重点。

2009 年 2 月 24 日，在 IBM 论坛上，IBM 大中华区首席执行官钱大群公布了名为"智慧地球"的最新策略。此概念一经提出，即得到美国各界的高度关注，其至有分析认为 IBM 公司的这一构想极有可能上升至美国的国家战略，并在世界范围内引起轰动。

今天，"智慧地球"战略被美国人认为与当年的"信息高速公路"有许多相似之处，同样被他们认为是振兴经济、确立竞争优势的关键战略。该战略能否掀起如当年互联网革命一样的科技和经济浪潮，不仅为美国所关注，更为世界所关注。

2009 年 8 月，温家宝总理"感知中国"的讲话把我国物联网领域的研究和应用开发推向了高潮，无锡市率先建立了"感知中国"研究中心，中国科学院、部分运营商、多所大学在无锡建立了物联网研究院，江南大学还建立了全国首家实体物联网工厂学院。自温总理提出"感知中国"以来，物联网被正式列为国家五大新兴战略性产业之一，写入"政府工作报告"，物联网在中国受到了全社会极大的关注。

物联网的概念已经是一个"中国制造"的概念，它的覆盖范围与时俱进，已经超越了 1999 年 Ashton 教授和 2005 年 ITU 报告所指的范围，物联网已被贴上"中国式"标签。

2010 年，发改委、工信部等部委会同有关部门，在新一代信息技术方面开展研究，以形成支持新一代信息技术的一些新政策措施，从而推动我国经济的发展。

2016 年，物联网领域发生了两件标志性事件：

一是在 2016 年 6 月，3GPP 组织（移动通信标准化团体）将 NB - IoT（即"窄带蜂窝物联网")标准协议确定为物联网通信的全球统一标准。由于 NB-IoT 的重要特性,它用于移动性不强、传输数据量小、延时不敏感的应用场景,比如智能抄水表;它比 GSM 网覆盖范围高 10 倍,在地下管道也能实现信号全覆盖;一个基站接入设备量高达 10 万台;在电池不充电的情况下能让通信模块工作 10 年;成本仅需 5 美元。最重要的是,华为正是这一标准的发起者。

二是在 2016 年 11 月,"经过艰苦卓绝的努力和万分残酷的竞争",3GPP 组织将华为的极化码方案确定为 5G 短码的最终方案。这成为中国在通信领域拥有重大话语权的标志性事件。5G 技术被认为是物联网的标配,能提供低成本、低能耗、低延迟、高速度、高可靠性的通信,以支持物联网长时间、大规模的连接应用。比如智能汽车,时速为 200 公里的情况下,5G 还要保证车与车、车与路的信号延时仅为 1 ms。这让 5G 的物联网应用无比广阔,唯一的限制可能就是人们的想象。

物联网作为一个新经济增长点的战略新兴产业,具有良好的市场效益。《2014 — 2018 年中国物联网行业应用领域市场需求与投资预测分析报告》数据表明,2010 年物联网在安防、交通、电力和物流领域的市场规模分别为 600 亿元、300 亿元、280 亿元和 150 亿元。2017 年上半年中国物联网产业市场规模接近 5000 亿元。

综合资料显示:美国市场研究公司 Gartner 预测,到 2020 年,全球物联网设备将达 260 亿台,市场规模将达 1.9 万亿美元;麦肯锡的预测更惊人,到 2025 年,全球物联网市场规模将达 11.1 万亿美元。

1.2 物联网与互联网的关系

物联网与互联网不是同一个概念。物联网的英文名称是"The Internet of Things (IoT)",顾名思义,物联网就是物物相连的互联网。这里有两层意思:第一,物联网的核心和基础仍然是互联网,是在互联网基础上经过延伸和扩展的网络;第二,其用户端延伸和扩展到了任何物品与物品之间,进行信息交换和通信。智慧中国网认为,物联网是互联网的加强版。物联网实现所谓的"物物相连"是以互联网为基础的,即物联网是建立在互联网之上的网络。物联网示意图如图 1.2.1 所示。

图 1.2.1 物联网示意图

和传统的互联网相比，物联网有其鲜明的特征：

（1）物联网是各种感知技术的广泛应用。物联网上部署了海量的多种类型的传感器，每个传感器都是一个信息源，不同类别的传感器所捕获的信息内容和信息格式不同。传感器按一定的频率周期性地采集环境信息，不断更新数据，获得的数据具有实时性。

（2）物联网是一种建立在互联网基础上的泛在网络。物联网技术的重要基础和核心仍是互联网，通过各种有线和无线网络与互联网的融合，将物体的信息实时、准确地传递出去。在物联网上的传感器定时采集的信息需要通过网络传输，由于其数量庞大，形成了海量信息，在传输过程中，为了保障数据的正确性和及时性，必须适应各种异构网络和协议。

（3）物联网不仅仅提供了传感器的连接，其本身也具有智能处理的能力，能够对物体实施智能控制。物联网将传感器和智能处理相结合，利用云计算、模式识别等各种智能技术扩展其应用领域，从传感器获得的海量信息中经过分析、加工和处理得出有意义的数据，以适应不同用户的不同需求，发现新的应用领域和应用模式。

通俗地说，物联网是传感网加互联网，是互联网的延伸与扩展，把人与人之间的互联互通扩大到人与物、物与物之间的互联互通。可以说，互联网是物联网的核心与基础。

物联网具有唯一标识、全面感知、可靠传输、智能处理等特征。按 IBM 公司的说法，物联网使数字地球转变为智慧地球。

互联网构建一个与现实的物理世界相对应的虚拟的赛博（Cybnetics）世界或信息世界，并使后者同前者相并列，物联网则使虚拟世界进一步与现实世界相互联系，为两者之间构建了一座桥梁。

物联网的安全与隐私问题比互联网更突出。互联网出现问题时损失的是信息，且可通过加密或备份等方法来避免损失。物联网在智慧交通、智能电网等的应用中，若发生问题则涉及生命或财产的损失，且难以降低损失。另一个突出问题是个人的隐私，这是由于物联网把人与物的直接联系暴露出来，如将家庭内的情况也联到网上了。

互联网是继计算机之后的第二次信息产业发展浪潮，而物联网是继互联网之后的第三次信息产业发展浪潮。互联网从概念提出到形成产业，中间经历了国防和军事上的应用，相距达几十年之久，而物联网从概念到产业，只有短短的几年时间便直接进入商业应用。从发展趋势看，物联网的产业规模和市场潜力都要比互联网大得多，以我国为例，2010 年被称为物联网产业元年，物联网产业的增加值就已达到 2000 亿元。

最早出现的是固定互联网，人们离开了连接线就不可能进入网络。后来，随着移动通信的发展，出现了移动互联网。但无论移动的还是固定的互联网，都是人和人相连。第三代互联网是人和物相连，这个时候，人们把互联网叫做物联网，在中国也将其叫做传感网。就目前的现状，如果将物联网与互联网相比较，则"物联网"更确切。由于网络安全和应用本身的特点等原因，大多数应用都运行在内网（Intranet）和专网（Extranet）中。如果是"物联网"，则主要要上公网（Internet），许多应用是不能做成"物联网"供大众去浏览和查询的。但有些应用的确可以做成"物联网"，如 Google 的 PowerMeter，所以国外有些人提出 X - Internet 的概念，也就是 Executable and Extendable Internet(可执行和可扩展的互联网)。

　　人们一般把互联网称为"外网"。互联网是一个平台，着重于"互联互通"和信息共享，而物联网则不同，既然有"物"就一定有产权和归属权，共享也一定是有条件的。此外，物联网与互联网还有一个显著的区别，就是目前在互联网上的内容绝大部分都是人工输入的，而物联网上的内容主要是由融合工业化和自动化的机器自动生成的。同时，互联网目前是以有线 TCP/IP 网络(见图 1.2.2)为主要载体的，而物联网的很多应用更依赖于无线网络技术，各种短距离的 RF(RFID 和 Mes 等)和长距离的无线通信技术(GSM 和各种CDMA 等)是目前物联网产业发展的主要基础设施。

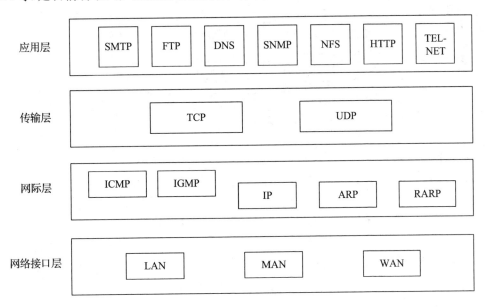

图 1.2.2　TCP/IP 中常用网络通信协议简介

1.3　物联网的体系结构

　　物联网的价值在于让物体也拥有"智慧"，从而实现人与物、物与物之间的沟通。物联网的特征在于感知、互联和智能的叠加。因此，物联网由三个部分组成：感知部分，即以二维码、RFID、传感器为主，实现对"物"的识别；传输网络，即通过现有的互联网、广电网络、通信网络等实现数据的传输；智能处理，即利用云计算、数据挖掘、中间件等技术实现对"物"的自动控制与智能管理等。

　　目前在业界物联网体系架构也大致被公认为有这三个层次，底层是用来感知数据的感知层，第二层是用来传输数据的网络层，最上面则是内容应用层。

　　在物联网体系架构(见图 1.3.1)中，三个层次的关系可以这样理解：感知层相当于人体的皮肤和五官；网络层相当于人体的大脑和神经中枢；应用层相当于人的社会分工。

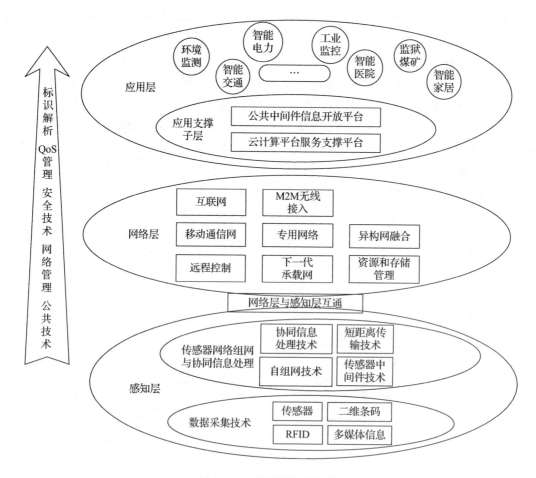

图 1.3.1　物联网体系架构

1.3.1　感知层

感知层处于物联网三层架构的最底层，是物联网发展和应用的基础，具有物联网全面感知的核心能力。物联网感知层解决的就是人类世界和物理世界的数据获取问题，包括各类物理量、标识、音频和视频数据。物联网正是通过遍布在各个角落和物体上各种各样的传感器，以及它们组成的无线传感网络来最终感知整个物质世界的。感知层的主要作用是识别物体、采集信息，与人体结构中皮肤和五官的作用相似，主要包括传感器、RFID 标签和读写器、二维码标签和识读器、摄像头、声音感应器等，完成物联网应用的数据感知和设施控制。

感知层主要通过各种类型的传感器对物体的物质属性、环境状态、行为的静态、动态信息进行大规模、分布式的信息获取与状态辨识，针对具体感知任务，通常采用协同处理的方式对多种类、多角度、多尺度的信息进行在线或实时计算，并与网络中的其他单元共享资源，进行交互与信息的传输，甚至可以通过执行器对感知结果作出反应，对整个过程进行智能控制。

在感知层，主要采用的设备是装备了各种类型传感器（或执行器）的传感网节点和其他短距离组网设备(路由节点设备、汇聚节点设备等)。一般这类设备的计算能力有限,主要的功能和作用是完成信息的采集和信号的处理工作,这类设备中多采用嵌入式系统软件与之适应。由于需要感知的地理范围和空间范围比较大,包含的信息也比较多,因此该层的设备还需要通过自组织网络技术,以协同工作的方式组成一个自组织的多节点网络进行数据传递。

感知层涉及的技术很多,本书主要介绍传感器、RFID 和条码感知技术。

1.3.2　网络层

网络层将感知层获取的信息进行传递和处理,也包括信息存储查询和网络管理等功能。网络层包括通信与互联网的融合网络、网络管理中心和信息处理中心等。

物联网的网络层建立在现有的移动通信网和互联网基础上。物联网通过各种接入设备与移动通信网和互联网相连。

网络层中的感知数据管理与处理技术是实现以数据为中心的物联网的核心技术。感知数据管理与处理技术包括传感网数据的存储、查询、分析、挖掘、理解以及基于感知数据决策和行为的理论与技术。在产业链中,通信网络运营商将在物联网网络层占据重要的地位。

1.3.3　应用层

应用层对数据进行计算、处理和知识挖掘,从而实现对物理世界的实时控制、精确管理和科学决策。

云计算平台作为海量感知数据的存储、分析平台,具有大规模的计算资源处理能力,使得物联网中数量庞大的数据信息的动态管理和智能分析更易实现,因此云计算成为物联网最高效的数据处理平台,同时物联网也将成为云计算最大的应用需求。

以机器学习为代表的人工智能技术可在物联网的信息处理和数据加工中发挥重要作用,通过人工智能技术将物联网感知层采集的大量数据进行分类、加工等,从而获取具有更大价值的信息来指导物理世界的运转。

物联网是继计算机、互联网与移动通信网之后的信息产业新方向,在各层之间,信息不是单向传递的,也有交互、控制等,所传递的信息多种多样,其中物品的信息最关键,包括在特定应用系统范围内能唯一标识物品的识别码和物品的静态与动态信息。有专家预测,10 年内物联网就可能大规模普及,这一技术将会发展成为一个上万亿元规模的高科技市场。

1.4　物联网与嵌入式系统

物联网集多种专用或通用系统于一体,因而具有信息采集、处理、传输、交互等功能;嵌入式系统强调的是嵌入到宿主对象的专用计算系统,相对物联网而言更具专用性,可实现某些特定的功能。物联网的功能包括了嵌入式系统的功能,但随着嵌入式系统的不断发展,其功能日趋复杂化。如今发展已经比较成熟的手机、GPS 定位等系统,均可以直接融入到物联网当中。

从技术的角度来看,首先,物联网与嵌入式系统融合了非常相似的技术,其次,物联网技术中又包含有嵌入式系统技术。举例来说,物联网和嵌入式系统均具备电子硬件技术、软件技术;而在射频识别技术、传感器技术、通信技术等方面,物联网必须具备,而嵌入式系统不一定全部具备。

只要能提升系统设备的网络通信能力和加入智能信息处理技术的嵌入式系统都可以应用于物联网。两者之间的系统构成也非常相似,嵌入式系统唯一不具备的是标签识别模块。

1.4.1 物联网相关半导体厂商

物联网技术正快速扩展,全球将会有比上网人口数量还多的装置与网络相连。嵌入式系统技术是支持物联网生态系统的关键,其中半导体行业厂商发挥的作用至关重要。

亚德诺半导体技术有限公司(Analog Devices Inc,ADI)是美国纳斯达克上市公司。该公司是业界认可的全球领先的数据转换和信号处理技术供应商,涵盖了全部类型的电子设备制造商。ADI提供模拟器件、ADC、射频、嵌入式微处理器等器件,可以应用于物联网的感知层和网络层设计中。

意法半导体(STMicroelectronics,ST)集团于1988年6月成立,是由意大利的SGS微电子公司和法国Thomson半导体公司合并而成的。ST公司推出了STM32L0、STM32L1、STM32L4系列微处理器,具有低功耗、执行速度快等特点,其中STM32L4包含了FPU功能,大大提高了运算精度。同时,ST公司在无线连接方面推出了蓝牙、LoRa、Wi-Fi等解决方案。

德州仪器(Texas Instruments,TI),是全球领先的半导体公司,为现实世界的信号处理提供创新的数字信号处理(DSP)及模拟器件技术。TI公司推出了MSP430、MSP432系列超低功耗微处理器,提供了SimpleLink解决方案。例如,TI的无线微控制器CC3220、CC1350、CC1310提供最高安全性、最低功耗和最广泛的无线协议支持,使物联网中的连接更稳定、更可靠。

物联网时代已经来临,面对物联网的机遇,华为公司推出了NB-IoT物联网解决方案,该方案会为运营商打造一张无处不在的蜂窝物联网,在智能抄表、智能停车、物流跟踪和智慧城市开启全新的商业机会。

1.4.2 嵌入式系统在物联网中的应用

物联网是一个集多种技术于一体的连接实物与网络的系统,其中嵌入式系统作为物联网的一个核心技术,已经变得非常成熟。物联网最典型的一个体系结构模型是EPC(产品电子编码),射频识别技术是EPC中重要的一项技术。嵌入式系统与物联网相互关联,且后者在前者的基础上继承与发展。

作为物联网重要技术组成的嵌入式系统,其视角有助于深刻地、全面地理解物联网的本质。嵌入式系统在物联网中的用途广泛,遍及智慧交通、环境保护、政府工作、公共安全、平安家居、智能消防、工业监测、环境监测、路灯照明管控、景观照明管控、楼宇照明管控、广场照明管控、老人护理、个人健康、花卉栽培、水系监测、食品溯源、敌情侦查和情报搜集等多个领域。

嵌入式系统技术是综合了计算机软硬件、传感器技术、集成电路技术、电子应用技术为一体的复杂技术。经过几十年的演变，以嵌入式系统为特征的智能终端产品随处可见，小到人们身边的 MP4，大到航天航空的卫星系统，嵌入式系统正在改变着人们的生活，推动着工业生产以及国防工业的发展。如果把物联网用人体做一个简单的比喻，那么传感器就相当于人的眼睛、鼻子、皮肤等感官，网络就是用来传递信息的神经系统，嵌入式系统则是人的大脑，在接收到信息后要进行分类处理。这个例子形象地描述了嵌入式系统在物联网行业应用中的位置与作用，具体体现在以下两方面：

（1）嵌入式系统为感知层提供数据采集与传输的手段。人们在日常生产和生活中的各种行为将会以数据信息的形式反映出来，这些数据信息将通过以嵌入式系统为特征的智能终端产品采集并通过网络传输到更高一级的数据运算处理中心，来进行更高层次的加工处理。

（2）嵌入式系统为网络层提供数据信息智能处理的方式和方法。经过采集传输得到的数据信息数量庞大，将会产生海量信息。嵌入式系统利用云计算、模式识别等技术对这些海量信息进行智能化处理、加工以及分析等操作，来得到更有意义的数据信息，这些数据信息将反作用于人们的生产和生活，对其进行指导。这些数据信息也将适应不同用户的不同需求，产生新的应用领域与应用模式。

1.5　物联网与其他热门技术

伴随着近几年新技术的出现，互联网产业迎来飞速发展期，信息产业已深入到社会的方方面面，在这种大环境下，每个行业都在寻求突破，力求站在时代的最前沿，避免被飞速发展的社会淘汰。而"物联网"概念的提出将有效地解决这个问题，为企业的未来提供指导，为人们的生活带来便利。

作为科技界 2016 年最热门的领域，VR(Virtual Reality，虚拟现实)技术已得到广泛应用。有报告指出，2015 年全年 VR/AR 行业的投资额高达 6.86 亿美元，而到了 2016 年，仅 1 月与 2 月两个月的时间，该领域的相关投资总金额便已达到了 11 亿美元，超过 2015 年全年的数额。从 Facebook、谷歌、三星、索尼等跨国巨头，到 BAT、乐视、华为、小米等国内巨头，以及蚁视、暴风等众多国内创新科技公司都在布局 VR 产业。

2016 年，AR(Augmented Reality，增强现实)技术也悄然来到了人们的生活中。AR 技术通过计算机多媒体、目标识别定位等技术，将虚拟的信息应用到真实世界，真实的环境和虚拟的物体实时地叠加到了同一个画面或空间，是物联网系统的"视觉入口"。试想一下，当人们拿到一瓶牛奶，就可以通过多样化的视觉呈现更形象地了解到它的营养成分、保质期以及从生产到灌装的全部流程；当人们看到一个背包，就立刻能获取它的购买地点、价格等信息。这样的物联网让人们的办公、生活、娱乐都不再需要繁琐的过程和冗长的时间。

这项技术的持续升温，让人们看到了不少基于 AR 技术开发的新应用，同时也为人们带来跃然屏幕之上的全新交互体验。其中易讯理想集团研发的 AR 应用——幻视(Eyegic)就瞄准了作为全球第一大产业的零售行业，其目标是要在未来三年颠覆传统电商的商业模式，改变人们的购物方式。

习　题

1.1　物联网与互联网有什么关系？

1.2　物联网的体系结构包括哪几部分？各有什么作用？

1.3　嵌入式系统在物联网上有哪些应用？

1.4　列举其他热门技术在物联网上的应用，并举例说明。

第 2 章
全面感知基础技术

　　物联网感知层主要用于采集物理世界中发生的物理事件和信息，包括各类物理量、标识、音频、视频等。感知层在物联网中如同人的感觉器官对人体系统的作用，主要是用来感知外界环境的温度、湿度、压强、光照、气压、受力情况等信息，通过采集这些信息来识别物体和感知物理相关信息。感知层作为物联网应用和发展的基础，本章涉及的感知技术包括传感器技术、RFID 技术、条形码技术、二维码技术、红外感知技术等。

2.1　传　感　器　技　术

　　传感器技术作为一种有效的数据采集设备，在物联网感知层中扮演了重要角色。目前，人类已进入了科学技术空前发展的信息社会。在这个瞬息万变的信息社会里，传感器为敏感地检测出各种各样的有用信息而充当着电子计算机、智能机器人、自动化设备、自动控制装置的"感觉器官"。如果没有传感器将各种各样的信息转换为能够直接检测的信息，现代科学技术将是无法发展的。传感器在现代科学技术领域中占有极其重要的地位。

2.1.1　传感器的定义

　　什么是传感器？从广义上讲，传感器就是能感知外界信息并能按一定规律将这些信息转换成可用信号的装置；简单地说，传感器是将外界信号转换为电信号的装置。传感器由敏感元器件（感知元件）和转换器件两部分组成，有的半导体敏感元器件可以直接输出电信号，本身就构成传感器。图 2.1.1 所示为传感器的一般组成。

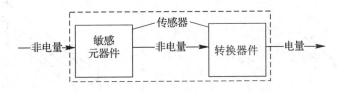

图 2.1.1　传感器的一般组成

　　敏感元器件品种繁多，就其感知外界信息的原理来讲，可分为以下几类：物理类，基于力、热、光、电、磁和声等物理效应；化学类，基于化学反应的原理；生物类，基于酶、抗体和激素等分子识别功能。通常根据基本感知功能，敏感元器件可分为热敏元件、光敏元件、气敏元件、力敏元件、磁敏元件、湿敏元件、声敏元件、放射线敏感元件、色敏元件和味敏元件等十大类。

2.1.2 传感器的基本特性

传感器的性能可以通过两个基本特性（即传感器的静态特性和动态特性）来表征。传感器的静态特性是指传感器的输入量为不随时间变化的恒定信号时，系统的输出量与输入量之间的关系。传感器的动态特性是指其输出量对随时间变化的输入量的响应特性。当被测量随时间变化，是时间的函数时，则传感器的输出量也是时间的函数，两者之间的关系要用动态特性来表示。

1. 静态特性

衡量传感器静态特性的重要指标包括线性度、灵敏度、迟滞、重复性、漂移、测量范围、量程、精度、分辨率、阈值、稳定性等。

1）线性度

线性度指传感器输出量与输入量之间的实际关系曲线偏离拟合直线的程度。

传感器输出线性化技术原理：在标定过程中，由小到大再由大到小给予传感器各种输入值，同时记录传感器的输出值，这样就得到一系列以输入值为自变量、以输出值为因变量的数据点，它们反映了输入量与输出量之间的函数关系，称为实际工作曲线，然后用某种方法作一条拟合直线逼近这些数据点。这条拟合直线即为工作直线。线性化的过程就是作出工作直线的过程。线性化方法有端点线性、独立线性、最小二乘线性三种方法。

（1）端点线性方法。

端点线性方法中，端点指与量程的上下极限值对应的标定数据点。端点线性方法是将连接两端点的直线作为工作直线（见图 2.1.2）。

（2）独立线性方法。

独立线性方法是作两条与端点直线平行的直线，使之恰好包围所有的标定点，然后在这两条平行线之间作一条正负等距离的直线，并使实际输出特性相对于所选拟合直线的最大偏差等于最大负偏差（见图 2.1.3）。

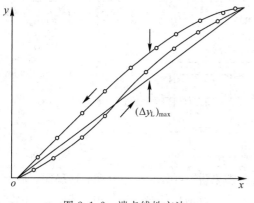

图 2.1.2 端点线性方法

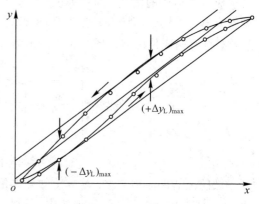

图 2.1.3 独立线性方法

（3）最小二乘线性方法。

最小二乘线性方法是找一条直线使各实际标定点与该直线的垂直偏差 δ（即输出量的偏差）的平方和最小，这条直线就叫最小二乘直线，设其为：$y=a+bx$，然后求出 a,b。求解过程如下：

垂直偏差的计算式为

$$\delta_i = y_i - (a + bx_i) \tag{2-1}$$

将式（2-1）平方并对 a 求偏导令其等于零，可得

$$\frac{\partial}{\partial a} \sum_{i=1}^{n} \delta_i^2 = 0 \tag{2-2}$$

化简可得

$$2\sum_{i=1}^{n} \delta_i (-1) = 0 \tag{2-3}$$

将偏差 δ 代入式（2-3）可得

$$2\sum_{i=1}^{n} (y_i - a - bx_i)(-1) = 0 \tag{2-4}$$

将式（2-1）平方并对 b 求偏导可得

$$\frac{\partial}{\partial b} \sum_{i=1}^{n} \delta_i^2 = 2\sum_{i=1}^{n} \delta_i (-x_i) \tag{2-5}$$

将偏差 δ 代入式（2-5）可得

$$-2\sum_{i=1}^{n} (y_i - a - bx_i)(x_i) = 0 \tag{2-6}$$

联立式（2-4）和式（2-6）可得

$$a = \frac{\left(\sum_{i=1}^{n} x_i^2\right)\left(\sum_{i=1}^{n} y_i\right) - \left(\sum_{i=1}^{n} x_i\right)\left(\sum_{i=1}^{n} x_i y_i\right)}{n\sum_{i=1}^{n} x_i^2 - \left(\sum_{i=1}^{n} x_i\right)^2} \tag{2-7}$$

$$b = \frac{n\sum_{i=1}^{n} x_i y_i - \left(\sum_{i=1}^{n} x_i\right)\left(\sum_{i=1}^{n} y_i\right)}{n\sum_{i=1}^{n} x_i^2 - \left(\sum_{i=1}^{n} x_i\right)^2} \tag{2-8}$$

2）灵敏度

灵敏度是传感器静态特性的一个重要指标，其定义为输出量的增量 Δy 与引起该增量的相应输入量增量 Δx 之比。它表示单位输入量的变化所引起传感器输出量的变化，显然，灵敏度 S 值越大，表示传感器越灵敏。

$$S = \frac{\Delta y}{\Delta x} \tag{2-9}$$

例如：某位移传感器的位移变化为 $1\ mm$ 时，输出电压变化为 $300\ mV$，则其灵敏度为 $300\ mV/mm$。

3）迟滞

传感器在输入量由小到大（正行程）及输入量由大到小（反行程）变化期间其输入一输出特性曲线不重合的现象称为迟滞。也就是说，对于同一大小的输入信号，传感器的正反行程输出信号大小不相等，这个差值称为迟滞差值。

4）重复性

重复性是指传感器在输入量按同一方向作全量程连续多次变化时，所得特性曲线不一致的程度。

5）漂移

传感器的漂移是指在输入量不变的情况下，传感器输出量随着时间的变化。产生漂移的原因有两个方面：一是传感器自身结构参数；二是周围环境（如温度、湿度等）。最常见的漂移是温度漂移，即由周围环境温度变化而引起输出量的变化，温度漂移主要表现为温度零点漂移和温度灵敏度漂移。

温度漂移通常用传感器工作环境温度偏离标准环境温度（一般为 20℃）时的输出值的变化量与温度变化量之比表示。

6）测量范围（Measuring Range）

传感器所能测量到的最小输入量与最大输入量之间的范围称为传感器的测量范围。

7）量程（Span）

传感器测量范围的上限值与下限值的代数差称为量程。

8）精度（Accuracy）

传感器的精度是指测量结果的可靠程度，是测量中各类误差的综合反映，测量误差越小，传感器的精度越高。

传感器的精度用其量程范围内的最大基本误差与满量程输出之比的百分数表示，其基本误差是传感器在规定的正常工作条件下所具有的测量误差，由系统误差和随机误差两部分组成。

工程技术中为简化传感器精度的表示方法，引用了精度等级的概念。精度等级以一系列标准百分比数值分档表示，代表传感器测量的最大允许误差。

如果传感器的工作条件偏离正常工作条件，还会带来附加误差，其中温度附加误差就是最主要的附加误差。

9）分辨率（Resolution）和阈值（Threshold）

传感器能检测到输入量最小变化量的能力称为分辨力。对于某些传感器，如电位器式传感器，当输入量连续变化时，输出量只做阶梯变化，则分辨力就是输出量的每个"阶梯"所代表的输入量的大小。对于数字式仪表，分辨力就是仪表指示值的最后一位数字所代表的值。当被测量的变化量小于分辨力时，数字式仪表的最后一位数不变，仍指示原值。当分辨力以满量程输出的百分数表示时则称为分辨率。

阈值是指能使传感器的输出端产生可测变化量的最小被测输入量值，即零点附近的分辨力。有的传感器在零位附近呈现出严重的非线性，形成所谓"死区"（Dead Band），则将死区的大小作为阈值；更多情况下，阈值主要取决于传感器噪声的大小，因而有的传感器只给出噪声电平。

10）稳定性（Stability）

稳定性表示传感器在一个较长的时间内保持其性能参数的能力。理想的情况是不论什么时候，传感器的特性参数都不随时间变化。但实际上，随着时间的推移，大多数传感器的特性会发生改变。这是因为敏感元件或构成传感器的部件的特性会随时间发生变化，从而影响了传感器的稳定性。

稳定性一般以室温条件下经过一定时间间隔后，传感器的输出量与起始标定时的输出量之间的差异来表示，这个差异称为稳定性误差。稳定性误差可用相对误差表示，也可用绝对误差表示。

2. 动态特性

传感器的动态特性是指其输出量对随时间变化的输入量的响应特性。当被测量随时间变化，是时间的函数时，则传感器的输出量也是时间的函数，两者之间的关系要用动态特性来表示。

一个动态特性良好的传感器，其输出将再现输入量的变化规律，即具有相同的时间函数。实际上除了具有理想的比例特性外，输出信号将不会与输入信号具有相同的时间函数，这种输出与输入之间的差异就是所谓的动态误差。

为了说明传感器的动态特性，下面简要介绍动态测温的问题。在被测温度随时间变化或传感器突然插入被测介质中以及传感器以扫描方式测量某温度场的温度分布等情况下，都存在动态测温问题。如把一支热电偶从温度为 T_0℃ 的环境中迅速插入一个温度为 T_1℃ 的恒温水槽中（插入时间忽略不计），这时热电偶测量的介质温度从 x_1，x_2，…，x_n 突然上升到 T_1，而热电偶反映出来的温度从 T_0℃ 变化到 T_1℃ 需要经历一段时间，即有一段过渡过程，如图 2.1.4 所示。

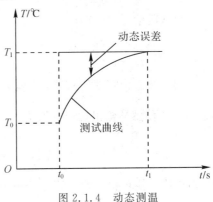

图 2.1.4 动态测温

热电偶反映出来的温度与介质温度的差值就称为动态误差。

造成热电偶输出波形失真和产生动态误差的原因是由于温度传感器有热惯性（由传感器的比热容和质量大小决定）和传热热阻，使得在动态测温时传感器输出总是滞后于被测介质的温度变化。如带有套管的热电偶的热惯性要比不带有套管的温度传感器大得多。这种热惯性是热电偶固有的，它决定了热电偶测量快速温度变化时会产生动态误差。影响动态特性的固有因素在任何传感器中都存在，只不过它们的表现形式和作用程度不同而已。动态特性除了与传感器的固有因素有关之外，还与传感器输入量的变化形式有关。也就是说，人们在研究传感器动态特性时，通常是根据不同输入变化规律来分析传感器的响应。虽然传感器的种类和形式很多，但它们一般可以简化为一阶或二阶系统（高阶系统可以分解成若干个低阶环节）。因此一阶和二阶传感器是最基本的类型。传感器的输入量随时间变化的规律是各种各样的，下面在对传感器动态特性分析时，采用最典型、最简单、易实现的阶跃信号和正弦信号作为标准输入信号。对于阶跃输入信号，传感器的响应称为阶跃响应或瞬态响应；对于正弦输入信号，传感器的响应称为频率响应或稳态响应。

1) 瞬态响应特性

传感器的瞬态响应是时间响应。在研究传感器的动态特性时，有时需要从时域中对传感器的响应和过渡过程进行分析。这种分析方法是时域分析法，传感器对所加激励信号的响应称瞬态响应。常用激励信号有阶跃函数、斜坡函数、脉冲函数等。下面以传感器的单位阶跃响应来评价传感器的动态性能指标。

(1) 一阶传感器的单位阶跃响应。

在工程上，一般将式(2 - 10)视为一阶传感器单位阶跃响应的通式，即

$$\tau \frac{dy(t)}{dt} + y(t) = x(t) \tag{2-10}$$

式中：$x(t)$、$y(t)$分别为传感器的输入量和输出量，它们均是时间的函数；τ表征传感器的时间常数，量纲为 s。

一阶传感器的传递函数为

$$H(s) = \frac{Y(s)}{X(s)} = \frac{1}{\tau s + 1} \tag{2-11}$$

式中：$X(s)$和$Y(s)$分别为 $x(t)$、$y(t)$的拉氏变换；s为复变量。

单位跃阶信号 $x(t)$ 为

$$x(t) = \begin{cases} 0, & t \leqslant 0 \\ 1, & t > 0 \end{cases} \tag{2-12}$$

对初始状态为零的传感器，当输入一个单位阶跃信号时，由于 $x(t) = 1$，作拉氏变换得 $X(s) = \dfrac{1}{s}$，传感器输出拉氏变换为

$$Y(s) = H(s)X(s) = \frac{1}{\tau s + 1} \frac{1}{s} \tag{2-13}$$

作拉氏变换可得一阶传感器的单位阶跃响应信号为

$$y(t) = 1 - e^{\frac{t}{\tau}} \tag{2-14}$$

相应的响应曲线如图 2.1.5 所示。由图可见，传感器存在惯性，它的输出不能立即复现输入信号，而是从零开始，按指数规律上升，最终达到稳态值。理论上传感器的响应只在 t 趋于无穷大时才达到稳态值，但实际上当 $t = 4\tau$ 时其输出达到稳态值的 98.2%，可以认为已达到稳态。τ 越小，响应曲线越接近于输入阶跃曲线，因此，τ 值是一阶传感器重要的性能参数。

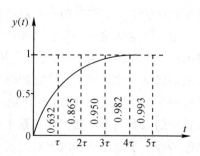

图 2.1.5 一阶传感器单位阶跃响应

(2) 二阶传感器的单位阶跃响应。

二阶传感器的单位阶跃响应的通式为

$$\frac{d^2 y(t)}{dt^2} + 2\zeta \omega_n \frac{dy(t)}{dt} + \omega_n^2 y(t) = \omega_n^2 x(t) \tag{2-15}$$

式中：ω_n 为传感器的固有频率；ζ 为传感器的阻尼比。

作拉氏变换得二阶传感器的传递函数为

$$H(s) = \frac{Y(s)}{X(s)} = \frac{\omega_n^2}{s^2 + 2\zeta\omega_n s + \omega_n^2} \tag{2-16}$$

传感器输出的拉氏变换为

$$Y(s) = H(s)X(s) = \frac{\omega_n^2}{s^2 + 2\zeta\omega_n s + \omega_n^2} \frac{1}{s}$$

对应于不同 ζ 值的二阶传感器系统的单位阶跃响应曲线如图 2.1.6 所示。

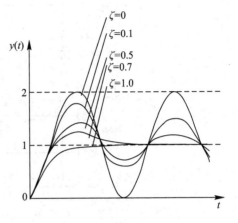

二阶传感器对阶跃信号的响应在很大程度上取决于阻尼比 ζ 和固有频率 ω_n。固有频率 ω_n 由传感器主要结构参数所决定，ω_n 越高，传感器的响应时间越短。当 ω_n 为常数时，传感器的响应取决于阻尼比 ζ。对于二阶传感器的单位阶跃响应曲线，阻尼比 ζ 直接影响超调和振荡次数。$\zeta = 0$ 为临界阻尼情况，超调量为 100%，产生等幅振荡，达不到稳态。$\zeta > 1$ 为过

图 2.1.6 二阶传感器单位阶跃响应

阻尼情况，无超调也无振荡，但达到稳态所需时间较长。$\zeta < 1$ 为欠阻尼情况，产生衰减振荡，达到稳态值所需时间随 ω_n 的减小而加长。$\zeta = 1$ 时响应时间最短。但实际使用中常按稍欠阻尼调整，ζ 取 0.7～0.8 为最好。

（3）瞬态响应特性指标如下：

时间常数 τ：一阶传感器时间常数 τ 越小，响应速度越快。

延迟时间：传感器输出值达到稳态值的 50% 所需时间。

上升时间：传感器输出值达到稳态值的 90% 所需时间。

超调量：传感器输出超过稳态值的最大值。

2）频率响应特性

传感器对正弦输入信号的响应特性，称为频率响应特性。频率响应法是从传感器的频率特性出发研究传感器的动态特性。

（1）一阶传感器的频率响应。

将一阶传感器的传递函数中的 s 用 $j\omega$（j 为虚数单位，ω 为频率）代替后，即可得频率特性表达式，即

$$H(j\omega) = \frac{1}{\tau(j\omega) + 1} \tag{2-17}$$

幅频特性表达式为

$$A(\omega) = \frac{1}{\sqrt{1 + (\omega\tau)^2}} \tag{2-18}$$

相频特性表达式为

$$\varphi(\omega) = -\arctan(\omega\tau) \tag{2-19}$$

图 2.1.7 为一阶传感器的频率响应特性曲线。

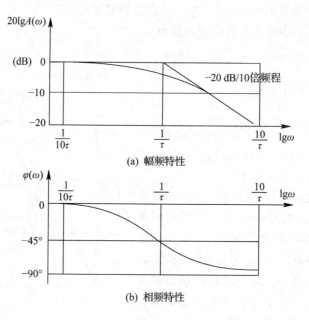

图 2.1.7　一阶传感器频率响应特性

从式(2-18)、式(2-19)看出，时间常数 τ 越小，频率响应特性越好。当 $\omega\tau \ll 1$ 时，$A(\omega)\approx 1$，其幅频特性与频率无关，表明传感器输出与输入为线性关系；$\varphi(\omega)\approx 0$，相位差与频率成线性。这保证了测试是无失真的，输出 $y(t)$ 比较真实地反映输入 $x(t)$ 的变换规律。因此，减小 τ 可改善传感器的频率特性。

(2) 二阶传感器的频率响应。

二阶传感器的频率特性表达式、幅频特性表达式、相频特性表达式分别为

$$H(\mathrm{j}\omega)=\frac{1}{1-\dfrac{\omega^2}{\omega_n^2}+2\mathrm{j}\zeta\dfrac{\omega}{\omega_n}} \tag{2-20}$$

$$A(\omega)=\frac{1}{\sqrt{\left[1-\left(\dfrac{\omega}{\omega_n}\right)^2\right]^2+4\zeta^2\left(\dfrac{\omega}{\omega_n}\right)^2}} \tag{2-21}$$

$$\varphi(\omega)=\mathrm{arctg}\,\frac{2\zeta}{\left(\dfrac{\omega}{\omega_n}-\dfrac{\omega_n}{\omega}\right)} \tag{2-22}$$

图 2.1.8 为二阶传感器的频率响应特性曲线。从式(2-21)、式(2-22)可见，传感器的频率响应特性的好坏主要取决于传感器的固有频率 ω_n 和阻尼比 ζ。当 $\zeta<1$，$\omega_n \gg \omega$ 时，$A(\omega)\approx 1$，频率特性平直，输出与输入为线性关系；$\varphi(\omega)$ 很小，且此时 $\varphi(\omega)$ 与 ω 为线性关系。传感器的输出 $y(t)$ 再现了输入 $x(t)$ 的波形。通常固有频率 ω_n 至少应等于被测信号频率 ω 的 3～5 倍，即 ω_n 大于或等于 $(3\sim5)\omega$；$\zeta<1$(ζ 在 0.6～0.8 范围内)。

为了减少动态误差和扩大频率响应范围，一般是提高传感器固有频率 ω_n。而固有频率 ω_n 与传感器运动部件质量 m 和弹性敏感元件的刚度 k 有关，即 $\omega_n=(k/m)^{1/2}$。增大刚度 k 和减小质量 m 可提高固有频率，但增加刚度 k 使传感器灵敏度降低。所以在实际中，应

综合各种因素来确定传感器的各个特征参数。

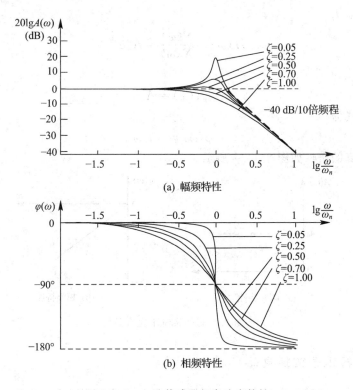

(a) 幅频特性

(b) 相频特性

图 2.1.8　二阶传感器频率响应特性

（3）频率响应特性指标如下：

频带：传感器增益保持在一定值内的频率范围为传感器频带或通频带，对应上、下截止频率。

时间常数 τ：时间常数 τ 用来表征一节传感器的动态特性。τ 越小，频带越宽。

固有频率 ω_n：二阶传感器的固有频率 ω_n 用来表征其动态特性。

3. 不失真条件

衡量传感器的指标主要在于其静态特性和动态特性。一个高精度的传感器要求有良好的静态特性和动态特性，从而确保检测信号（或能量）的无失真转换，使检测结果尽量反映被测量的原始特征。图 2.1.9 所示为传感器的时域输入—输出图。

如图 2.1.10 所示，当输出信号为 $y(t)=A_0 x(t-t_0)$ 时，系统就实现了不失真传输。

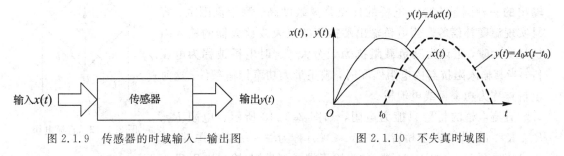

图 2.1.9　传感器的时域输入—输出图　　　图 2.1.10　不失真时域图

输入为 $x(t)$，输出为 $y(t)=A_0 x(t-t_0)$，通过傅里叶变换可得

$$Y(\omega) = A_0 X(\omega) \mathrm{e}^{-\mathrm{j}\omega t_0}$$

系统的频率响应为

$$H(\omega) = \frac{Y(\omega)}{X(\omega)} = A_0 \mathrm{e}^{-\mathrm{j}\omega t_0}$$

幅频特性表达式为

$$A(\omega) = A_0$$

相频特性表达式为

$$\varphi(\dot{\omega}) = -t_0 \omega$$

测试系统不失真的条件如图 2.1.11 所示。

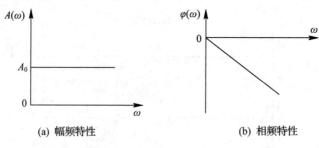

　　　　(a) 幅频特性　　　　　　　　　　　(b) 相频特性

图 2.1.11　系统不失真条件

2.1.3　传感器信号变换电路

　　被测物理量通过信号检测传感器后转换为电参数或电量，其中电阻、电感、电容、电荷、频率等还需要进一步转换为电压或电流。一般情况下，电压、电流还需要放大。这些功能都由中间转换电路来实现。因此，中间转换电路是信号检测传感器与测量记录仪表和计算机之间的重要桥梁，其主要作用如下：

　　(1) 将信号检测传感器输出的微弱信号进行放大、滤波，以满足测量、记录仪表的需要；

　　(2) 完成信号的组合、比较，以及系统间阻抗匹配及反向等工作，以实现自动检测和控制；

　　(3) 完成信号的转换。

1. 电桥

　　电桥是将电阻、电感、电容等参数的变化变换为电压或电流输出的一种测量电路。电桥的优点是灵敏度高、测量范围宽、容易实现温度补偿等。当电桥输出端接入的仪表或放大器的输入阻抗足够大时，可认为其负载阻抗为无穷大，这时电桥被称为电压桥；当其输入阻抗与内电阻匹配时，满足最大功率传输条件，这时电桥被称为功率桥或电流桥。

　　直流电桥的桥臂只能为电阻，如图 2.1.12 所示。电阻 R_1、R_2、R_3、R_4 作为四个桥臂，在 A、C 端(称为输入端或电源端)接入直流电源 U_0，在 B、D 端(称为输出端或测量端)输出电压 U_{BD}。

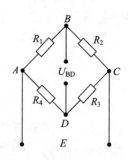

图 2.1.12　直流电桥

测量时常用等臂电桥，即 $R_1 = R_2 = R_3 = R_4$，或电源端对称电桥，即 $R_1 = R_2$，$R_3 = R_4$。
电桥的输出电压为

$$U_{BD} = U_{BA} - U_{DA} = \frac{U_0 R_1}{R_1 + R_2} - \frac{U_0 R_4}{R_3 + R_4} = \frac{R_1 R_3 - R_2 R_4}{(R_1 + R_2)(R_3 + R_4)} U_0 \quad (2-23)$$

显然，当 $R_1 R_3 = R_2 R_4$ 或 $R_1 / R_2 = R_4 / R_3$ 时，电桥输出电压为零，则称 $R_1 R_3 = R_2 R_4$ 或 $R_1 / R_2 = R_4 / R_3$ 为电桥平衡条件。

设电桥四臂增量分别为 ΔR_1、ΔR_2、ΔR_3、ΔR_4，则电桥的输出为

$$U_{BD} = \frac{(R_1 + \Delta R_1)(R_3 + \Delta R_3) - (R_2 + \Delta R_2)(R_4 + \Delta R_4)}{(R_1 + \Delta R_1 + R_2 + \Delta R_2)(R_3 + \Delta R_3)(R_4 + \Delta R_4)} \quad (2-24)$$

于是有

$$U_{BD} = \frac{1}{4} U_0 \left(\frac{\Delta R_1}{R_1} - \frac{\Delta R_2}{R_2} + \frac{\Delta R_3}{R_3} - \frac{\Delta R_4}{R_4} \right) \quad (2-25)$$

1）直流电桥

组桥时，电阻的灵敏系数 K 必须一致，式（2-25）又可写成

$$U_{BD} = \frac{1}{4} U_0 K (\varepsilon_1 - \varepsilon_2 + \varepsilon_3 - \varepsilon_4) \quad (2-26)$$

式（2-26）在测量中非常重要。它表明各桥臂变化量对电桥输出的影响，相对桥臂的变化量相加，相邻桥臂的变化量相减，这种性质又被简称为加减特性。

三种典型桥路的输出特性如下：

（1）单臂电桥：当 R_1 为变电阻，其他三个为固定电阻时的桥路称为单臂电桥，只有变电阻电阻值发生变化，此时的输出电压为

$$U_1 \approx \frac{E}{4R} \Delta R \quad (2-27)$$

（2）半桥：当相邻的两个电阻为变电阻，其他两个为固定电阻时的桥路称为半桥，此时的输出电压为

$$U_2 = \frac{E}{2R} \Delta R \quad (2-28)$$

（3）全桥：四个臂全为变电阻的桥路称为全桥，此时的输出电压为

$$U_3 = \frac{E}{R} \Delta R \quad (2-29)$$

从上面的介绍可以看到，单臂电桥、半桥、全桥的输出电压之比为

$$U_1 : U_2 : U_3 = 1 : 2 : 4 \quad (2-30)$$

2）交流电桥

交流电桥（见图 2.1.13）平衡条件为 $Z_1 Z_3 = Z_2 Z_4$（其中 Z 表示阻抗），该平衡条件可以写成

$$\frac{R_3}{\frac{1}{R_1} + j\omega C_1} = \frac{R_4}{\frac{1}{R_2} + j\omega C_2}$$

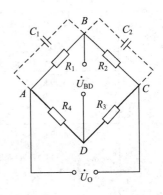

图 2.1.13　交流电桥

使其实部、虚部相等，则有

$$R_1 R_3 = R_2 R_4 , \frac{R_3}{R_4} = \frac{C_1}{C_2}$$

2. 电流—电压(I-U)变换器

最简单的电流—电压变换电路如图 2.1.14 所示。

显然，$U = IR$，电压 U 与电流 I 成正比。

通常采用高输入阻抗运算放大器，如 LM356、CF3140、F071～F074、F353 等，可方便地组成电流—电压变换器。一个简单的方案如图 2.1.15 所示。该电路能提供与输入电流成正比的输出电压，比例常数就是反馈电阻 R，即 $U = -IR$。

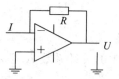

图 2.1.14　最简单的电流—电压变换电路　　　图 2.1.15　简单的电流—电压变换电路

如果运算放大器是理想的，那么它的输入电阻为正无穷大，输出电阻为零。R 阻值大小仅受运算放大器的输出电压范围和输入电流大小的限制。

一种大电流—电压变换电路如图 2.1.16 所示。该电路中，利用小电阻的取样电阻把电流转换为电压后，再利用差动放大器进行放大。输入电流在 0.1～1 A 范围内，其变换精度为 ±0.5%。根据该电路的结构，只要选用 $R_1 = R_2 = R_F$，$R_3 = R_4 = R_5 = R_f$，则差动放大倍数为

$$K_d = 2\left(1 + \frac{R_f}{R_7}\right)\left(\frac{R_f}{R_F}\right) \tag{2-31}$$

由式(2-31)可见，R_7 越小，K_d 越大。调节 R_{p2}，可以使 K_d 在 58～274 范围内变化。当 $K_d = 100$ 时，电流—电压变换系数为 10 V/A。运算放大器必须采用高输入阻抗(10^7～10^{12} Ω)、低漂移的运算放大器。

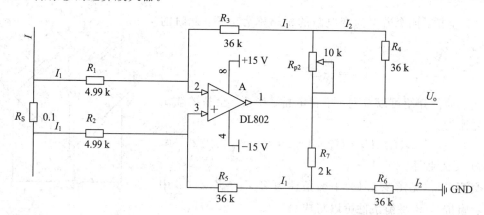

图 2.1.16　大电流—电压变换电路

另一种微电流—电压变换电路如图 2.1.17 所示。该电路只需输入 5 pA 电流，就能得到 5 V 电压输出。

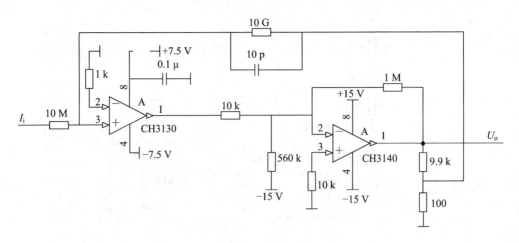

图 2.1.17　微电流—电压变换电路

图 2.1.16 中输入级 CH3130 本身的输入阻抗极高，加上同相输入端和反相输入端均处于零电位，进一步减少了漏电流。如果对输入端接线工艺处理得好，则其漏电流可以小于 1 pA。第二级 CH3140 接成 100 倍反相放大器。根据输入电流的极性，一方面产生反相的电压输出，另一方面提供负反馈，以保证有稳定的变换系数。

该电路的一个特点在于反馈引出端不是在 U_o 处，而是在 100 Ω 和 9.9 kΩ 电阻之间。按常规的接法，10 GΩ 反馈电阻产生的变换系数为 10^{10}，即 5 pA 电流产生 0.05 V 电压。但是该电路的反馈从输出电压的 1/100 分压点引出，将灵敏度提高了 100 倍。于是，当输出 $U_o = 5$ V 时反馈电阻两端的电压为 50 mV，这时所需电流仅为 50 mV/10 GΩ＝5 pA。

3. 电压—电流 $(U - I)$ 变换器

负载浮动的 $U - I$ 变换电路如图 2.1.18 所示。它类似于一个同相放大器，运算放大器的两端都不接地。利用运算放大器的分析概念可得输出电流与电压的关系为

$$I_o = \frac{U_i}{R_1 + R'_p} \tag{2-32}$$

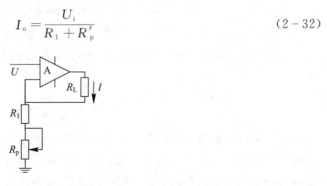

图 2.1.18　负载浮动的电压—电流变换电路

调节 R_p 就可以改变输入电压与输出电流之间的变换系数。通常所用的运算放大器输出的最大电流约为 20 mA。为了降低运算放大器的功耗，扩大输出电流，在运算放大器的输出端可加一个三极管驱动电路，如图 2.1.19 所示。该电路的输入电压为 0～1 V，输出电压为 0～10 mA。

负载接地的 $U - I$ 变换电路如图 2.1.20 所示。

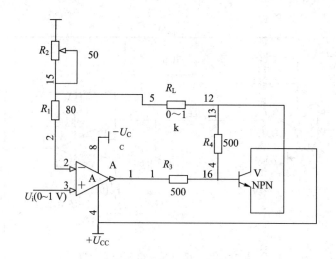

图 2.1.19　一种改进的电压—电流变换电路

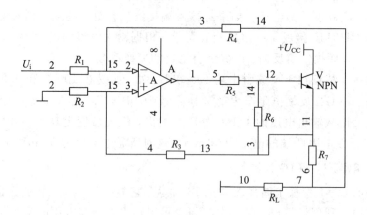

图 2.1.20　负载接地的电压—电流变换电路

该变换器的工作原理与浮动负载 U-I 变换器的类似。所不同的是，电流采样电阻 R_7 是浮动的，而负载 R_L 则有一端接地，所以需要两个反馈电阻 R_3 和 R_4。当 $R_1 = R_2$，$R_3 = R_4 + R_7$ 时，输出电流为

$$I_o = \frac{R_3}{R_1 \times R_7} U_i \qquad (2-33)$$

对于来自传感器的微弱电压信号，实现远距离传输是比较困难的。此时，将电压信号变换为电流信号后再进行长线传输，就可以得到满意的效果。图 2.1.21 所示就是一个精度较高的电压—电流变换电路。图中运算放大器 A_1、A_2 以及有关元件一起组成差动放大器，其共模和差模输入阻抗高达 10^9 Ω。A_1 和 A_2 经过选配，可获得很低的温度漂移和很强的共模抑制能力。放大倍数在 34～200 之间连续可调。

运算放大器 A_3 以及周围元件组成一个高精度的压控双向电流源。当 $U_i = 0$ 时，A_3 的输入也为零，达到平衡，其静态电流在 R_b 上产生压降，给四只晶体管提供一定的偏置。当 A_3 的输入端出现差动信号时，其正、负电源线上的两个电流不相等，二者朝相反的方向变化，从而使复合管 V_1V_2、V_3V_4 的电流也朝相反的方向变化，这两个电流的差值就是输出电流 I_o。

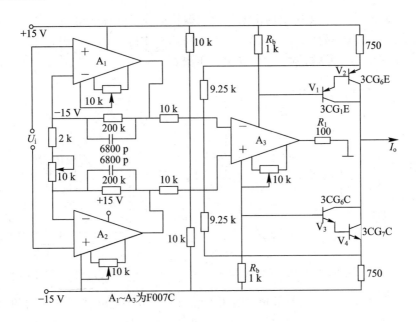

图 2.1.21　高精度电压—电流变换电路

从复合管的发射极取出负反馈信号给 A_3，不仅提高了输出电流 I_o 的稳定性，而且抑制了共模信号对输出的影响。采用复合管可提供很大的负载电流，负载既可直接接地，也可浮动，并且能带动多个负载同时工作。

4. 交流电压—直流电压（u-U）变换器和交流电流—直流电压（i-U）变换器

把交流电压变换成直流电压亦称 AC - DC 变换。图 2.1.22 所示是使用二极管的整流电路，该电路利用半波整流把交流电变成直流电。

直流输出电压 U_o 可表示为

$$U_o = \frac{U_m}{\pi} \tag{2-34}$$

式中 U_m 是被测交流电压的峰值。但是，从图 2.1.23 所示的硅二极管的正向伏安特性曲线可以看出，用硅二极管进行半波整流时，如果 $U_m < 0.5$ V，则输出电压 $U_o \approx 0$。显然，该电路不能把峰值在 0.5 V 以下的交流电压转换成直流电压。

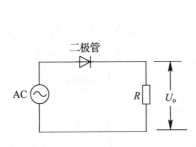

图 2.1.22　简单整流电路

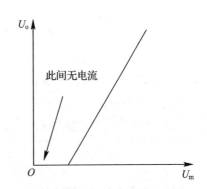

图 2.1.23　硅二极管的正向伏安特性曲线

为此,可采用图 2.1.24 所示的由运算放大器构成的线性整流电路。

这时,U_m 与 U_o 呈线性关系,如图 2.1.25 所示。实际应用中,图 2.1.24 所示电路的输出端对地还要接滤波电容,使输出电压 U_o 平滑。

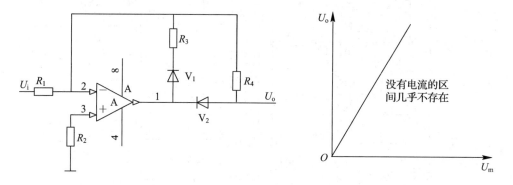

图 2.1.24　使用运算放大器的整流电路　　图 2.1.25　修正后硅二极管的正向伏安特性曲线

如果要测量输入正弦波的有效值,则还需增加一级放大器并能对放大器的增益进行调整,以便对输入正弦波的有效值进行校准。图 2.1.26 就是一种实用的电路。该电路是由半波整流电路和平均值—有效值转换器构成的线性变换电路。考虑到下级是反相放大器,图中 V_2 的输出(即 R_5 的输入)是负半周整流波形。20 μF 电容起平滑作用,使输出得到直流。与 R_7 相串联的电位器 R_W 起调整作用,可使平均值等于有效值。输出端将得到与交流电压的有效值相等的直流电压输出。

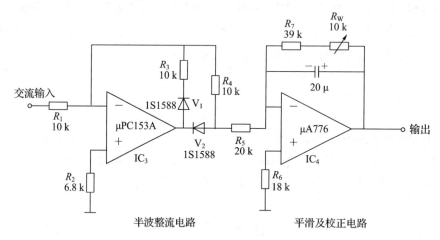

图 2.1.26　实用的交流电压—直流电压变换电路

i-U 变换即把交流电流变换成直流电压,可按照图 2.1.27 所示的方框图进行。

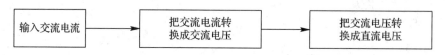

图 2.1.27　i-U 变换器方框图

5. 电阻—电压(R-U)变换器

把电阻值变换为直流电压的电路如图 2.1.28 所示。U_x 与电阻 R_x 有如下关系

$$U_x = \frac{U_x}{R_s + R_x} E_s \qquad (2-35)$$

电源电压 E_s 和分压电阻 R_s 均为定值，于是电阻 R_x 就可变换成直流电压 U_x。但是 U_x 与 R_x 呈非线性关系，在实际应用中很少采用。

图 2.1.29 是使用运算放大器的 R - U 变换电路。该电路为反相比例放大器，其输出电压 U_o 为

$$U_o = -\frac{E_s}{R_s} R_x \qquad (2-36)$$

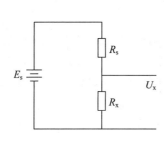

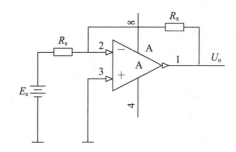

图 2.1.28　电阻分压式 R - U 变换电路　　图 2.1.29　使用运算放大器的 R - U 变换电路

E_s 和 R_s 均为定值，于是电阻 R_x 就可以转换为直流电压 U_o，且 U_o 与 R_x 成正比关系。但是，连接 R_x 的两端均对地浮置，易受干扰，这是该电路的缺点。

如果使用恒流源进行 R - U 变换（见图 2.1.30），就能取得很好的变换效果。因为无论 R_x 的阻值如何变化，流过 R_x 的电流 I_s 恒定，所以有 $U_x = I_s R_x$，U_x 与 R_x 成正比，且 R_x 下端可以接地。

图 2.1.31 是利用运算放大器作恒流源的一个例子。

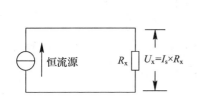

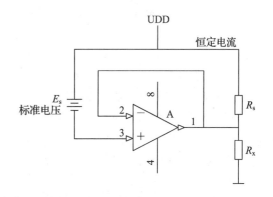

图 2.1.30　使用恒流源的 R - U 变换电路　　图 2.1.31　使用运算放大器作恒流源的变换电路

2.1.4　典型传感器及其应用

1. 热电温度传感器

热电温度传感器主要由热敏元件组成。热敏元件品种较多，市场上销售的有双金属片、铜热电阻、铂热电阻、热电偶及半导体热敏电阻等。

从感受温度的途径来划分，测量温度可分为接触式和非接触式两种。接触式温度即通过测温元件与被测物体的接触来感知物体的温度；非接触式测温即通过接收被测物体发出的辐射来得知物体的温度。

目前，常见的接触式测温传感器有热膨胀式温度传感器、热电势式测温度传感器、热电阻式温度传感器、PN 结型测温传感器和集成温度传感器等。常见的非接触式测温传感器有光学高温传感器、热辐射式温度传感器等。

以半导体热敏电阻为探测元件的热电阻式温度传感器应用广泛，这是因为在元件允许工作条件范围内，半导体热敏电阻器具有体积小、灵敏度高、精度高的特点，而且制造工艺简单、价格低廉。

1）热电势式温度传感器

热电势式温度传感器是将温度转化成电动势的一种测温传感器，它与其他测温装置相比具有精度高、测温范围宽、结构简单、使用方便和可远距离测量等优点，在轻工、冶金、机械及化工等工业领域中广泛用于温度的测量、调节和自动控制等方面。

（1）热电势效应。

将两种不同材料的导体构成一闭合回路，若两个接触点处温度不同，则回路中会产生电动势，从而形成热电流，这种物理现象称为热电势效应，简称热电效应。回路中产生的电动势称为热电势。通常把上述两种不同导体的组合称为热电偶。热电偶传感器如图 2.1.32 所示。

热电偶A12

图 2.1.32　热电偶传感器

热电势效应的本质：热电偶本身吸收了外部的热能，在内部转换为电能的一种物理现象。

热电偶热电动势的组成：主要由两种导体的接触电动势和单一导体的温差电动势组成。

接触电动势（珀尔贴电动势）：由于两种不同导体的自由电子密度不同而在接触处形成的电动势。

温差电动势（汤姆逊电动势）：在同一导体中，由于两端温度不同而使导体内高温端的自由电子向低温端扩散形成的电动势。

实验与理论均已证明，热电偶回路的总电势主要是由接触电势引起的。

热电偶回路的主要性质如下：

① 中间导体定律：在热电偶回路中接入第三种材料的导体，只要第三种导体的两端温度相同，则这一导体的引入将不会改变原来热电偶的热电动势大小，即

$$E_{ABC}(T, T_0) = E_{AC}(T, T_0) \qquad (2-37)$$

② 中间温度定律：热电偶 AB 在接点温度为 T_1、T_3 时的热电动势等于热电偶在接点温度为 T_1、T_2 和 T_2、T_3 时的热电动势总和，即

$$E_{AB}(T_1, T_3) = E_{AB}(T_1, T_2) + E_{AB}(T_2, T_3) \qquad (2-38)$$

③ 标准电极定律：当工作端和自由端温度分别为 T 和 T_0 时，用导体 A、B 组成的热电偶的热电动势等于 AC 热电偶和 CB 热电偶的热电动势的代数和，即

$$E_{AB}(T, T_0) = E_{AC}(T, T_0) + E_{CB}(T, T_0) \qquad (2-39)$$

（2）热电偶的结构如下：

热电极：热电偶常以热电极材料种类来定名，如铂铑—铂热电偶、镍铬—镍硅热电偶。

绝缘套管(绝缘子)：用来防止两根热电极短路，其材料的选用视使用的温度范围和对绝缘性能的要求而定。

保护套管：其作用是使热电极与测温介质隔离，使之免受化学侵蚀或机械损伤。

接线盒：其作用是连接热电偶和测量仪表。

(3) 热电偶的种类。

常用热电偶可分为标准化热电偶和非标准化热电偶两大类。所谓标准化热电偶是指国家标准规定了其热电势与温度的关系、允许误差并有统一的标准分度表的热电偶，它有与其配套的显示仪表可供选用。非标准化热电偶在使用范围或数量级上均不及标准化热电偶，一般也没有统一的分度表，主要用于某些特殊场合的测量。标准化热电偶在中国从1988 年 1 月 1 日起，热电偶和热电阻全部按 IEC 国际标准生产，并指定 S、B、E、K、R、J、T 七种标准化热电偶为中国统一设计型热电偶。

标准化热电偶的工艺比较成熟，应用广泛，性能优良稳定，能成批生产，同一型号可以互相调换和统一分度，并有配套显示仪表。如铂铑—铂热电偶。

非标准化热电偶在高温、低温、超低温、真空和核辐射等特殊环境中使用具有良好的性能，但这类热电偶无统一分度表。常用的有钨铼丝热电偶、铱铑丝热电偶、铁—康铜丝热电偶等。

2) 热电阻式温度传感器

热电阻式温度传感器是利用电阻随温度变化的特性制成的传感器。按其材料的性质不同，热电阻分为金属热电阻(通常称为热电阻)和半导体热电阻(通常称为热敏电阻)，因此热电阻式温度传感器可分为金属热电阻传感器和半导体热敏电阻传感器。它主要用于对温度或和温度有关的参量进行测量，在工业上被广泛用来测量 $-200\sim500℃$ 范围内的温度。热电阻式温度传感器如图2.1.33 所示。

图 2.1.33　热电阻式温度传感器

(1) 热电阻。

热电阻主要是利用电阻随温度变化而变化这一特性来测量温度的。

热电阻常用材料有铂和铜两种。铂具有电阻温度系数大、线性好、性能稳定、使用温度范围宽、易加工等特点。采用特殊的结构制成的标准铂电阻温度计，它的适用范围为 $-200\sim960℃$。铜电阻价廉并且线性好，但温度高时易氧化，故适用于温度较低的环境($-50\sim150℃$)中。

(2) 热敏电阻。

热敏电阻是近年来出现的一种新型半导体测温元件。热敏电阻由负温度系数热敏电阻(NTC)、正温度系数热敏电阻(PTC)和临界温度系数热敏电阻(CTR)组成。

正温度系数热敏电阻是以钛酸钡($BaTiO_3$)为基本材料，再掺入适量的稀土元素，利用陶瓷工艺高温烧结而成。纯钛酸钡是一种绝缘材料，但掺入适量的稀土元素如镧(La)和铌(Nb)等以后，变成了半导体材料，被称为半导体化钛酸钡。它是一种多晶体材料，晶粒之间存在着晶粒界面，对于导电电子而言，晶粒间界面相当于一个位垒。当温度低时，由于半导体化钛酸钡内电场的作用，导电电子可以很容易地越过位垒，所以电阻值较小；当温度升高到居里点温度（即临界温度，一般钛酸钡的居里温度点为 120 ℃）时，内电场受到破坏，不能帮助导电电子越过位垒，所以表现为电阻值的急剧增加。因为这种元件在未达居里温度点前电阻随温度变化非常缓慢，具有恒温、调温和自动控温的功能，只发热，不发红，无明火，不易燃烧，电压交、直流 3～440 V 均可，使用寿命长，非常适用于电动机等电器装置的过热探测。

负温度系数热敏电阻是以氧化锰、氧化钴、氧化镍、氧化铜和氧化铝等金属氧化物为主要原料，采用陶瓷工艺制造而成。这些金属氧化物材料都具有半导体性质，类似于锗、硅晶体材料，内部的载流子（电子和空穴）数目少，电阻较高；当温度升高时，内部载流子数目增加，电阻降低。负温度系数热敏电阻类型很多，使用区分为低温（−60～300 ℃）、中温（300～600 ℃）、高温（大于 600 ℃）三种，有灵敏度高、稳定性好、响应快、寿命长、价格低等优点，广泛应用于需要定点测温的温度自动控制电路，如冰箱、空调、温室等的温控系统。

临界温度系数热敏电阻构成材料是钒、钡、锶、磷等元素氧化物的混合烧结体，是半玻璃状的半导体，也被称为玻璃态热敏电阻。骤变温度随锗、钨、钼等的氧化物的添加而改变，这是由于不同杂质的掺入，使氧化钒的晶格间隔不同造成的。若在适当的还原气氛中，五氧化二钒变成二氧化钒，则电阻骤变温度升高；若二氧化钒被还原为三氧化二钒，则电阻骤变现象消失。产生电阻骤变的温度对应于半玻璃状半导体物理性质骤变的位置，因此产生半导体—金属相移。临界温度系数热敏电阻能够应用于控温报警等方面。

热敏电阻与简单的放大电路结合，就可检测千分之一摄氏度的温度变化，所以和电子仪表组成测温计，能完成高精度的温度测量。普通用途下的半导体热敏电阻工作温度为−55～315℃，特殊用途下的低温热敏电阻工作温度低于−55℃，可达−273℃。

（3）热电阻式温度传感器的应用。

工业上广泛应用金属热电阻传感器进行温度测量，热电阻传感器还可用于测量流量，如热导式流量计就是根据发热元件消耗热量和流量的关系来实现流量测量的。

半导体热敏电阻传感器具有尺寸小、响应速度快和灵敏度高等优点，用于温差测量。半导体热敏电阻传感器结构简单，在温度补偿上，金属一般具有正的温度系数，采用负温度系数半导体热敏电阻进行补偿，可以抵消由于温度变化所产生的误差。在工业控制方面将开关型的半导体热敏电阻埋设在被测物中，并与继电器串联，给电路加上恒定电压，当周围介质温度升到一定数值时，电路中的电流可以由十分之几毫安突变为几十毫安，引起继电器动作，从而实现温度控制或过热保护等。

2. 应变传感器

应变传感器用于测量某些力学量。力学量总体来讲可包括以下三大类：

（1）几何学量：包括位移、形变、长度、距离、位置、尺寸、厚度、深度等具有长度量纲的量以及角度、角位移等具有角度量纲的量。

（2）运动学量：包括速度、加速度、角加速度，它们是几何学量的时间函数。

（3）通常所指的力学量：包括力、力矩、应力、压力、拉力、质量等狭义的力学量。

这些物理量的测量都与机械应力有关，所以把测量这些物理量的器件称为力学量传感器、力敏传感器或应变传感器。

应变传感器的种类甚多，传统的测量方法是利用弹性材料的形变和位移来表示。随着微电子技术的发展，利用半导体材料的压阻效应(即对其某一方向施加压力，其电阻率就发生变化)和良好的弹性，已经研制出体积小、重量轻、灵敏度高的应变传感器，广泛用于压力、加速度等物理力学量的测量。图 2.1.34 所示为应变传感器实物图。

电阻应变式传感器(见图 2.1.35)是一种电阻式传感器，主要由弹性敏感元件或试件、电阻应变片和测量转换电路组成。

图 2.1.34　应变传感器　　　　图 2.1.35　电阻应变式传感器

1) 电阻应变式传感器的应用

电阻应变式传感器通常可用来测量应变片以外的物理量，如力、扭矩、加速度、位移、形变和压力。

2) 应变效应

导体或半导体材料在外界力作用下产生机械形变，其电阻值发生变化的现象称为应变效应。对于长为 L，横截面积为 A 的均匀材料(金属或半导体)，两端的电阻值为

$$R = \frac{\rho L}{A} \tag{2-40}$$

式中 ρ 为材料的电阻率。

应用应变片测试时，将应变片粘贴在试件表面，试件受力变形后应变片的电阻丝也随之变形，从而使应变片电阻值发生变化，通过测量转换电路转换成电压或电流的变化。

电阻丝应变片具有精度高，测量范围大，能适应各种环境，便于记录和处理等优点，但灵敏度低。半导体材料的电阻系数很大，故半导体应变片的灵敏系数比金属应变片约高几十倍。

3) 测量转换电路

常规应变片的电阻变化范围很小，测量转换电路应能精确地测量出这些小的电阻变化，在应变式传感器中，最常用的是桥式电路。

3. 磁敏传感器

磁敏传感器通常是指电参数按一定规律随磁性量变化的传感器。磁敏传感器主要利用霍尔效应原理及磁阻效应原理构成。构成磁敏传感器的磁敏元件有霍尔元件、磁阻元件、磁敏晶体管、磁敏集成电路。以磁敏元件为基础的磁敏传感器在一些电、磁学量和力学量的测量中得到广泛应用。下面主要介绍由霍尔元件构成的霍尔式传感器。

1) 霍尔效应

图 2.1.36 所示为一块长为 l、宽为 b、厚为 d 的半导体，在外加磁场 B 作用下，当有电流 I 通过时，运动电子受洛伦兹力的作用而偏向一侧，使该侧形成电子的积累，与它相对的另一侧由于电子浓度下降，出现了正电荷。这样，在两侧面间就形成了一个电场。运动电子在受洛伦兹力的同时，又受电场力的作用，最后当这两个力相等时，电子的积累达到动态平衡，这时两侧之间建立电场，称霍尔电场，相应的电压称霍尔电压，上述这种现象称霍尔效应。

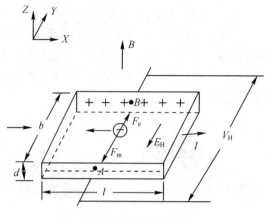

图 2.1.36 霍尔效应

2）霍尔元件的材料

根据霍尔效应原理做成的器件称为霍尔元件。其一般采用锗、锑化铟和砷化铟等半导体单晶体材料制成。

锗：锗元件的输出小，但它的温度性能和线性度比较好。

锑化铟：锑化铟元件的输出较大，但受温度的影响也较大。

砷化铟：砷化铟元件的输出信号没有锑化铟元件大，但受温度的影响却比锑化铟的要小，而且线性度也较好。因此，采用砷化铟为霍尔元件的材料得到普遍应用。

3）霍尔元件的结构

霍尔元件结构简单，是一种半导体四端薄片，由霍尔片、引线和壳体组成。霍尔片的相对两侧对称地焊上两对电极引线。

4）霍尔式传感器的特点

霍尔式传感器是由霍尔元件与弹性敏感元件或永磁体结合而形成，它具有灵敏度高、体积小、重量轻、无触点、频响宽、动态特性好、可靠性高、寿命长和价格低等优点。

5）霍尔式传感器的应用类型

由于霍尔元件对磁场敏感，且具有灵敏度高、体积小、重量轻、无触点、频响宽、动态特性好、可靠性高、寿命长和价格低等优点，因此，在测量技术、自动化技术和信息处理等方面得到了广泛应用。归纳起来，霍尔传感器有下列三方面应用：

（1）当控制电流不变，使传感器处于非均匀磁场时，传感器的输出正比于磁感应强度，可反映位置、角度或激磁电流的变化。霍尔式传感器在这方面的应用有磁场测量、磁场中的微位移测量、三角函数发生器等。图 2.1.37 所示为霍尔旋转位置传感器。

图 2.1.37 霍尔旋转位置传感器

（2）当控制电流与磁感应强度都为变量时，传感器的输出与两者乘积成正比。霍尔式传感器在这方面的应用有乘法器、功率计等。

（3）当保持磁感应强度恒定不变时，利用霍尔式传感器输出与控制电流的关系可以组成回转器、隔离器等。

4. 压电传感器

压电式传感器是一种典型的自发式传感器，它由传力机构、压电元件和测量转换电路组成。压电元件是以某些电介质的压电效应为基础，在外力作用下，在电介质表面产生电荷，从而实现非电物理量电测的目的。它可以测量最终能变换为力的那些非电物理量，如压力、加速度等。图 2.1.38 所示为压电传感器。

图 2.1.38　压电传感器

1）压电效应

某些电介质在沿一定方向上受到外力的作用产生变形时，内部会产生极化现象，同时在其表面产生电荷，当去掉外力后，电介质又重新回到不带电状态，这种现象称为压电效应。

在电介质的极化方向上施加交变电场，它会产生机械变形，当去掉外加电场后，电介质变形随之消失，这种现象称为逆压电效应或电致伸缩效应。

压电传感器利用的是压电材料的压电效应。

2）压电材料

压电晶体：压电晶体是一种单晶体，如石英晶体、酒石酸钾钠等。

压电陶瓷：压电陶瓷是一种人工制造的多晶体，如钛酸钡等。

有机压电材料：有机压电材料是新一代的压电材料，其中较为重要的有压电半导体和高分子压电材料。

3）压电式传感器的应用

压电式传感器主要用于动态作用力、压力、加速度的测量。压电式传感器包括压电式力传感器和压电式加速度传感器。压电式力传感器主要用于变化频率中等的动态力的测量，如车床动态切削力的测试。压电式加速度传感器主要用于各种加速度的测量。

5. 光电传感器

光电传感器主要由光敏元件组成。目前光敏元件发展迅速、品种繁多、应用广泛。市场出售的光敏元件有光敏电阻器、光电二极管、光电三极管、光电耦合器和光电池等。

图 2.1.39　光敏电阻器

1）光敏电阻器

光敏电阻器（见图 2.1.39）由能透光的半导体光电晶体构成，因半导体光电晶体成分不同，又分为可见光光敏电阻（硫化镉晶体）、红外光光敏电阻（砷化镓晶体）和紫外光光敏电阻（硫化锌晶体）。当敏感波长的光照在半导体光电晶体表面，晶体内载流子增加，使其电导率增加（即电阻减小）。

2）光电二极管

和普通二极管相比，光电二极管（见图 2.1.40）除管芯也是一个 PN 结、具有单向导电性能外，其他方面均差异很大，具体表现为：第一，管芯内的 PN 结结深比较小（小于 1

图 2.1.40　光电二极管

μm)，以提高光电转换能力；第二，PN 结面积比较大，电极面积则很小，以利于光敏面多收集光线；第三，光电二极管在外观上都有一个用有机玻璃透镜密封、能汇聚光线于光敏面的"窗口"。因此，光电二极管的灵敏度和响应时间远远优于光敏电阻器。

光电二极管的优点是线性好，响应速度快，对宽范围波长的光具有较高的灵敏度，噪声低；缺点是单独使用时输出电流（或电压）很小，需要加放大电路。光电二极管适用于通信及光电控制等电路。

3）光电三极管

光电三极管可以视为一个光电二极管和一个三极管的组合元件，由于具有放大功能，所以其暗电流、光电流和光电灵敏度比光电二极管要高得多，但由于结构原因使结电容加大，响应特性变坏。光电三极管广泛应用于低频的光电控制电路。

4）图像传感器

（1）CCD（Charge Coupled Device，电荷耦合元件）图像传感器。

电荷耦合元件（CCD）是在 MOS 器件的基础上发展起来的。CCD 作为光敏器件，主要用作固体摄像器件，在航海、通信、雷达、医学、气象等领域得到了广泛应用。此外，CCD还被用作信息处理与信息存储器件。

CCD 是在 P（或 N）型硅基体上，生成一层 SiO_2 绝缘层（厚度约 10^{-7} m），再于绝缘层上淀积一系列间隙相隔很小（小于 0.3 μm）的金属电极（栅极），每个金属电极和它下面的绝缘层及半导体硅基体形成一个 MOS 电容器，故 CCD 实际上是由一系列 MOS 电容器构成的 MOS 阵列。由于这些 MOS 电容器彼此靠得很近，因此它们之间可以发生耦合，使被注入 MOS 电容器中的电荷能够有控制地从一个电容器移位到另一个电容器。这样的电荷转移过程是电荷耦合的过程，故这类器件被称为电荷耦合器件。

CCD 图像传感器及其工作原理如图 2.1.41、图 2.1.42 所示。

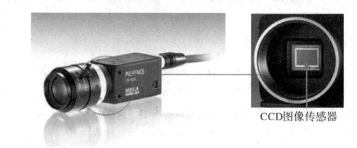

CCD图像传感器

图 2.1.41　CCD 图像传感器

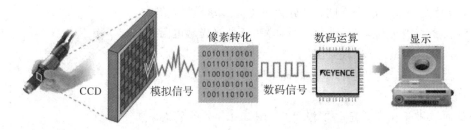

图 2.1.42　CCD 图像传感器工作原理图解

（2）CMOS(Complementary Metal-Oxide Semiconductor)图像传感器。

CMOS 传感器（见图 2.1.43）采用一般半导体电路最常用的 CMOS 工艺，具有集成度高、功耗小、速度快、成本低等特点，最近几年在宽动态、低照度方面发展迅速。CMOS 即互补性金属氧化物半导体，主要是利用硅和锗两种元素所做成的半导体，通过 CMOS 上带负电和带正电的晶体管来实现基本的功能。这两个互补效应所产生的电流即可被处理芯片记录和解读成影像。

图 2.1.43　CMOS 图像传感器

在模拟摄像机以及标清网络摄像机中，CCD 的使用最为广泛，长期以来都在市场上占有主导地位。CCD 的特点是灵敏度高，但响应速度较低，不适用于高清监控摄像机采用的高分辨率逐行扫描方式，因此，进入高清监控时代以后，CMOS 逐渐被人们所认识，高清监控摄像机普遍采用 CMOS 感光器件。CMOS 针对 CCD 最主要的优势就是非常省电。不像由二极管组成的 CCD，CMOS 电路几乎没有静态电量消耗。这就使得 CMOS 的耗电量只有普通 CCD 的 1/3 左右。CMOS 的重要问题是在处理快速变换的影像时，由于电流变换过于频繁而过热，如果暗电流抑制得好就问题不大，如果抑制得不好就十分容易出现噪点。

（3）ToF(Time of Flight，飞行时间)相机。

ToF 相机（见图 2.1.44）与普通相机成像过程类似，主要由光源、感光芯片、镜头、传感器、驱动控制电路以及处理电路等几部分关键单元组成。ToF 相机包括两部分核心模块，即发射照明模块和感光接收模块，根据这两大核心模块之间的相互关联来生成深度信息。ToF 相机的感光芯片根据像素单元的数量也分为单点和面阵式感光芯片，为了测量整个三维几何结构，也可以通过面阵式 ToF 相机拍摄一张场景图片即可实时获取整个场景的表面几何结构信息，面阵式 ToF 相机更容易受到消费类电子系统搭建的青睐，但技术难度也更大。

图 2.1.44　ToF 相机

ToF 的照射单元都是对光进行高频调制之后再进行发射，一般采用 LED 或激光（包括激光二极管和 VCSEL)来发射高性能脉冲光，脉冲可达到 100 MHz 左右，主要采用红外光。当前市面上已有的 ToF 相机技术大部分是强调调制方法，还有一些是基于光学快门的方法，原理略有不同。

基于光学快门的方法的原理非常简单，发射一束脉冲光波，通过光学快门快速精确地获取照射到物体后反射回来的光波的时间差 t，由于光速 c 已知，只要知道照射光和接收光的时间差，来回的距离就可以通过公式 $d=(t/2)c$ 求得。此种方法原理看起来非常简单，但是实际应用中要达到较高的精度具有很大的挑战。

另一种已有的基于连续波强度调制的 ToF 工作原理为：发射一束照明光，利用发射光波信号与反射光波信号的相位变化来进行距离测量。其中，照明模组的波长一般是在红外波段，且需要进行高频率调制。ToF 感光模组与普通手机摄像模组类似，由芯片、镜头、线路板等部件构成，ToF 感光芯片每一个像元对发射光波的往返相机与物体之间的具体相位分别进行获取，通过数据处理单元提取出相位差，由公式计算出深度信息。该芯片传感器结构与普通手机摄像模块所采用的 CMOS 图像传感器类似，但更复杂一些，它包含调制控制单元、A/D 转换单元、数据处理单元等，因此 ToF 芯片像素尺寸比一般图像传感器的像素尺寸要大得多，一般为 $20~\mu m$ 左右。ToF 感光模组也需要一个搜集光线的镜头，不过与普通光学镜头不同的是这里需要加一个红外带通滤光片来保证只有与照明光源波长相同的光才能进入。由于光学成像系统不同距离的场景为各个不同直径的同心球面，而非平行平面，所以在实际使用时，需要后续数据处理单元对这个误差进行校正。ToF 相机的校正是生产制作过程中必不可少的一道重要工序，如果没有校正工序，ToF 相机就无法正常工作。

6. 气敏传感器和湿敏传感器

气敏传感器和湿敏传感器是检测环境气体成分及浓度、检测环境湿度，并对其进行控制和显示的重要器件，在环境保护、家用电器、消防、农业生产和安全生产等方面得到广泛的应用。

1) 气敏传感器

由于气体与人类的日常生活密切相关，对气体的检测已经是保护和改善生态居住环境不可缺少的手段，气敏传感器发挥着极其重要的作用。常用的主要有接触燃烧式气体传感器、电化学气敏传感器和半导体气敏传感器等。

接触燃烧式气体传感器的检测元件一般为铂金属丝（也可表面涂铂、钯等稀有金属催化层），使用时对铂丝通以电流，保持 $300\sim400~℃$ 的高温，此时若与可燃性气体接触，可燃性气体就会在稀有金属催化层上燃烧，因此铂丝的温度会上升，铂丝的电阻值也上升；通过测量铂丝的电阻值变化的大小，就可知道可燃性气体的浓度。

电化学气敏传感器一般利用液体（或固体、有机凝胶等）电解质，其输出形式可以是气体直接氧化或还原产生的电流，也可以是离子作用于离子电极产生的电动势。

检测气体的成分或水汽的湿度时，用得最多的是半导体气敏传感器。半导体气敏元件为半导体气敏传感器的主要器件。半导体气敏元件有 N 型和 P 型之分。N 型在检测时阻值随气体浓度的增大而减小；P 型阻值随气体浓度的增大而增大。SnO_2 金属氧化物半导体气敏材料属于 N 型半导体元件，在 $200\sim300~℃$ 温度下，它吸附空气中的氧，形成氧的负离子吸附，使半导体中的电子密度减少，从而使其电阻值增加。当遇到能供给电子的可燃气体（如 CO 等）时，原来吸附的氧脱附，而由可燃气体以正离子状态吸附在金属氧化物半导体表面；氧脱附放出电子，可燃性气体以正离子状态吸附也要放出电子，从而使氧化物半导体中电子密度增加，电阻值下降。当可燃性气体不存在时，金属氧化物半导体又会自动恢复氧的负离子吸附，使电阻值升高到初始状态。这就是半导体气敏元件检测可燃气体的基本原理。

目前国产的半导体气敏元件有两种，即直热式和旁热式。直热式气敏元件中，加热丝和测量电极一同烧结在金属氧化物半导体管芯内；旁热式气敏元件以陶瓷管为基底，管内穿加热丝，管外侧有两个测量极，测量极之间为金属氧化物气敏材料，经高温烧结而成。

气敏元件的参数主要有加热电压、电流，测量回路电压，灵敏度，响应时间，恢复时间，标定气体（0.1%丁烷气体）中电压，负载电阻值等。QM - N5 型气敏元件适用于天然气、煤气、氢气、烷类气体、烯类气体、汽油、煤油、乙炔、氨气、烟雾等的检测，属于 N 型半导体元件，灵敏度较高，稳定性较好，响应和恢复时间短，市场上应用广泛。QM - N5 气敏元件参数如下：标定气体（0.1％丁烷气体，最佳工作条件）中电压大于等于 2 V，响应时间小于等于 10 s，恢复时间小于等于 30 s，最佳工作条件为加热电压 5 V、测量回路电压 10 V、负载电阻 R_L 2 kΩ，允许工作条件为加热电压 4.5～5.5 V、测量回路电压 5～15 V、负载电阻 0.5～2.2 kΩ。常见的气敏元件还有 MQ - 31（专用于检测 CO）、QM - J1 酒敏元件等。

例如，生活环境中的一氧化碳浓度达 0.8～1.15 ml/L 时，人就会出现呼吸急促、脉搏加快甚至晕厥等状态，达 1.84 ml/L 时则有在几分钟内死亡的危险，因此对一氧化碳检测必须快而准。利用 SnO_2 金属氧化物半导体气敏材料，通过颗粒超微细化和掺杂工艺制备 SnO_2 纳米颗粒，并以此为基体掺杂一定催化剂，经适当烧结工艺进行表面修饰可制成旁热式烧结型 CO 敏感元件，能够探测 0.005％～0.5％范围内的 CO 气体。一氧化碳传感器如图 2.1.45 所示。还有许多易爆可燃气体、酒精气体、汽车尾气等有毒气体的探测传感器。

图 2.1.45　一氧化碳传感器

在微电子技术基础上发展起来的硅和硅基 MEMS 技术，由于受到强大的集成电路工业的有力支持以及微电子技术本身具有的强大生命力，近几年发展十分迅速，它们在 MEMS 压力传感器、加速度计等领域已显示出独特的优势。用它们来制作气敏传感器容易满足人们对气敏传感器的集成化、智能化、多功能化等要求。许多气敏传感器的敏感性能和工作温度密切相关，因而一般同时制作加热元件和温度探测元件，以探测和监控温度。利用 MEMS 技术很容易将气敏元件和加热原件、温度探测元件结合在一起，从而保证气敏传感器的优良性能。

硅和硅基 MEMS 技术要求所用的工艺要和硅集成电路工艺相容，使其能继承和发扬集成电路技术的强大优势。为此，传统气敏传感器的结构要做相应的改变，改变成便于用 MEMS 技术制作的微结构气敏传感器。根据制作材料的不同，微结构气敏传感器可分为硅基微结构气敏传感器和硅微结构气敏传感器，下面简单介绍一种硅微结构气敏传感器。

目前，这种硅微结构气敏传感器的品种不多，主要是金属氧化物—半导体—场效应管（MOSFET）型和钯金属—绝缘体—半导体（MIS）二极管型。这些传感器中的所有元件都可用一块硅芯片制作，所以用 MEMS 技术制造它们可以说是得心应手。

（1）MOSFET 型气敏传感器。这种微结构气敏传感器的制作工艺和 MOS 集成电路集成工艺基本上是相同的，只是 MOSFET 栅电极材料不同。MOS 集成电路的 MOSFET 栅电极材料通常是金属铝，而 MOSFET 型微结构气敏传感器中的 MOSFET 栅电极材料是对待测气体敏感的材料，如钯、铱、碘化钾等。其工作原理是：当栅极暴露在待测气体中时，栅电极材料与待测气体作用而引起 MOSFET 阈值电压变化，分析这种变化就可知道待测气体的浓度。当栅电极为钯时，对氢气很敏感；当栅电极为铂、铱时，对氢化物气体 NH_3、H_2S 和乙醇蒸气很敏感；当栅电极为碘化钾时，可检测臭氧。

（2）MIS 二极管型氢敏传感器。MIS 二极管的伏安特性使其对氢气很敏感，当氢气浓度改变时，其伏安特性会发生明显的变化，因而可利用它来检测氢气。美国 C - W 储备大学开发了带有加热器和测温元件的 MIS 二极管型微结构氢敏传感器。为了提高灵敏度和耐久性，电极金属用钯—银合金代替钯，用集成电路工艺制造出加热器、测温元件和 MIS 二极管，最后用牺牲层工艺从背面将硅芯片选择性地减薄。这种测氢二极管在正偏差或反偏差状态下都可测氢气的浓度：用恒流源正偏置 MIS 二极管，其正偏压降可定量显示氢气的浓度；用恒压源反偏置 MIS 二极管，其反向漏电流可定量显示氢气的浓度。

硅和硅基微结构气敏传感器用于与集成电路相容的 MEMS 技术制造，是 MEMS 气敏传感器的主流，有很好的发展前景。这种传感器性能优异（体积小、功耗低、灵敏度高、选择性好、响应时间短、稳定性好），成本低，各批产品间性能差异小，同一芯片上可制作信号处理电路和读出电路（智能化、多功能化）。

各种传统的气敏传感器只要对其结构和制作工艺作相应改变，原则上都可采用 MEMS 技术制造，成为 MEMS 气敏传感器。IC 技术和 MEMS 技术的进步，以及强大的微电子工业的有力支持，将为气敏传感器的发展提供极好的机会。

2）湿敏传感器

在农业生产中的温室育苗、食用菌的培养、水果保鲜等都要对湿度进行检测和控制。

湿敏元件是最简单的湿敏传感器（见图 2.1.46）。湿敏元件主要有电阻式、电容式两大类。

湿敏电阻的特点是在基片上覆盖一层用感湿材料制成的膜，当空气中的水蒸气吸附在感湿膜上时，元件的电阻率和电阻值都发生变化，利用这一特性即可测量湿度。

图 2.1.46　湿敏传感器

湿敏电容一般是用高分子薄膜电容制成的，常用的高分子材料有聚苯乙烯、聚酰亚胺、酪酸醋酸纤维等。当环境湿度发生改变时，湿敏电容的介电常数发生变化，使其电容量也发生变化，其电容变化量与相对湿度成正比。

电子式湿敏传感器的准确度可达 2％～3％ RH，这比干湿球测湿精度高。

7. 电感式传感器

电感式传感器是利用线圈的自感、互感或阻抗的变化来实现非电量的检测的一种装置，如图 2.1.47 所示。

1）电感式传感器的特点和应用

电感式传感器具有结构简单、分辨率好和测量精度高等一系列优点，但其响应较慢，不宜进行快速动态测量。电感式传感器主要用来测量位移、压力和振动等参数。

图 2.1.47　电感式传感器

2）电感式传感器的分类

电感式传感器可分为自感式、互感式和电涡流式。

自感式传感器把被测位移量转化为线圈的自感变化。互感式传感器又称为差分变压器式传感器，把被测位移量转化为线圈间的互感变化。电涡流式传感器把被测位移量转化为线圈的阻抗变化。

8. 电容式传感器

电容式传感器是以各种类型的电容作为传感元件，通过电容传感元件将被测物理量的变化转化为电容量的变化，再经过测量电路转换为电压、电流或频率，如图 2.1.48 所示。

图 2.1.48　电容式传感器

1）电容式传感器的特点和应用

电容式传感器具有结构简单，需要的作用能量小，灵敏度高，动态特性好，能在恶劣环境条件下工作等优点，常运用于测厚度、测角度、测液位、测压力等。

2）基本工作原理

电容式传感器也常常被人们称为电容式物位计，电容式物位计的电容检测元件是根据圆筒形电容器原理进行工作的。电容器由两个绝缘的同轴圆柱极板内电极和外电极组成，在两筒之间充以介电常数为 ε 的电解质时，两圆筒间的电容量为

$$C = \frac{2\pi\varepsilon L}{\ln(D/d)} \tag{2-41}$$

式中：L 为两筒相互重合部分的长度；D 为外筒电极的直径；d 为内筒电极的直径；ε 为中间介质的电介常数。在实际测量中，D、d、ε 是基本不变的，故测得 C 即可知道液位的高低，这也是电容式传感器具有使用方便、结构简单、灵敏度高、价格便宜等特点的原因之一。

电容式传感器是以各种类型的电容器作为传感元件，由于被测量变化将导致电容器电容量变化，通过测量电路，可把电容量的变化转换为电信号输出。测知电信号的大小，可判断被测量的大小。这就是电容式传感器的基本工作原理。

3）电容式传感器的分类

电容式传感器由改变极板距离的变间隙式、改变极板面积的变面积式和改变介电常数的变介电常数式组成。

9. 微机电传感器

微机电系统（Micro-Electro-Mechanical Systems，MEMS）是一种由微电子、微机械部件构成的微型器件，多采用半导体工艺加工。目前已经出现的微机电器件包括压力传感器、加速度传感器、微陀螺仪、墨水喷嘴和硬盘驱动头等。微机电系统的出现体现了当前的器件微型变化趋势。

1）微机电压力传感器

微机电压力传感器可应用于汽车轮胎。微机电压力传感器利用了传感器中的硅应变电阻在压力作用下发生形变，改变电阻来测量压力；测试时使用了传感器内部集成的测量电桥。

2) 微机电加速度传感器

微机电加速度传感器主要通过半导体工艺在硅片中加工出可以在加速运动中发生形变的结构，并且能够引起电特性的改变，如变化的电阻和电容。例如，图 2.1.49 所示的 MEMS(微机电系统)三轴加速度传感芯片能够在三个轴向(x, y, z)上感知±3G 的加速度，并采用模拟的方式输出结果。这就意味着在三个轴向上运动速度越大，输出的电压越大，反之输出的电压越小。

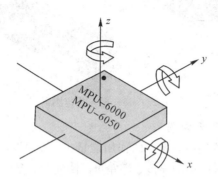

图 2.1.49　MEMS 三轴加速度传感器芯片

2.2　RFID 技术

RFID(Radio Frequency Identification)技术作为构建物联网的关键技术，近年来逐渐受到人们的关注，由于其技术特点，最近几年发展很快，无论是产业界还是标准化机构对其都非常重视。RFID 技术起源于英国，第二次世界大战中应用于辨别敌我飞机身份，20 世纪 60 年代开始进入商用领域。RFID 技术是一种自动识别技术，美国国防部规定 2005 年 1 月以后，所有军需物资都要使用 RFID 标签；美国食品与药品管理局(FDA)建议制药商从 2006 年起利用 RFID 跟踪常被造假的药品。Walmart、Metro 零售业应用 RFID 技术等一系列行动更是推动了 RFID 在全世界的应用热潮。2000 年，每个 RFID 标签的价格是 1 美元。许多研究者认为 RFID 标签非常昂贵，只有降低成本才能实现大规模应用。2005 年，每个 RFID 标签的价格是 12 美分左右，之后超高频 RFID 标签的价格降至 10 美分左右。RFID 要实现大规模应用，一方面要降低 RFID 标签价格，另一方面要看应用 RFID 之后能否带来增值服务。欧盟统计办公室的统计数据表明，2010 年，欧盟有 3% 的公司应用 RFID 技术，应用分布在身份证件和门禁控制、供应链和库存跟踪、汽车收费、防盗、生产控制、资产管理等方面。

2.2.1　RFID 基本原理及类型

识别也称辨识，是指对不同事物差异的区分。自动识别通常指采用机器进行识别的技术，目的是提供个人、动物、货物、商品等信息。自动识别技术包括射频识别技术、条形码技术、二维码技术等。

1. RFID 概述

RFID 技术是一种无线通信技术，可以通过无线电信号识别特定目标并读写相关数据，而无需在识别系统与特定目标之间建立机械或者光学接触。

无线电的信号是通过电磁场，把数据通过附着在物品上的标签传送出去，供自动辨识与追踪该物品。某些标签在识别时从读写器发出的电磁场中就可以得到能量，并不需要电池；也有些标签本身拥有电源，并可以主动发出无线电波（调成无线电频率的电磁场）。标签包含了电子存储信息，数米之内都可以被识别。与条形码不同的是，射频标签不需要处在读写器视线之内，也可以嵌入被追踪物体之内。

许多行业都运用了射频识别技术。例如，将标签附着在一辆正在生产中的汽车上，生产者便可以追踪此车在生产线上的进度。仓库可以通过标签追踪药品的所在。射频标签也可以附着于牲畜与宠物上，方便对牲畜与宠物的积极识别（积极识别的意思是防止数只牲畜使用同一个身份）。射频识别的身份识别卡可以使员工得以进入锁住的建筑部分，汽车上的射频读写器也可以用于征收收费路段与停车场的费用。

某些射频标签附着在衣物、个人财物上，甚至植入人体之内。由于这项技术可能会在未经本人许可的情况下读取个人信息，这项技术也会有侵犯个人隐私的可能性。

2．RFID 系统组成部分

一套完整的 RFID 系统是由读写器（Reader）与电子标签（Tag）及应用软件系统三个部分所组成。

1）读写器

读写器是指读取或写入电子标签信息的设备。读写器根据使用的结构和技术不同可以是读或读/写装置，是 RFID 系统信息控制和处理中心。读写器通常由耦合模块、收发模块、控制模块和接口单元组成。读写器系统框图如图 2.2.1 所示。

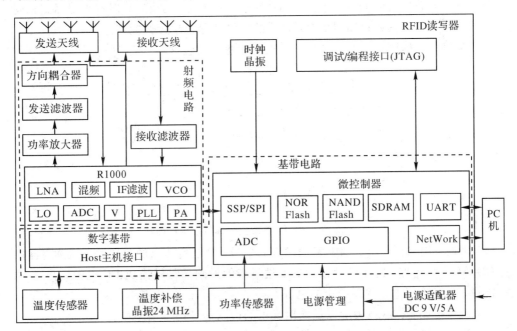

图 2.2.1　RFID 读写器系统方块图

读写器通常包含：

（1）天线：将无线信号发送给 Tag，并接收由 Tag 响应回来的数据；

（2）系统频率产生器：产生系统的工作频率；

（3）相位锁位回路（PLL）：产生射频所需的载波信号；

（4）调制电路：把要发送给 Tag 的信号加载到载波并由射频电路送出；

（5）微处理器：产生 Tag 信号并送给调制电路，同时对 Tag 回送的信号译码，并把所得的数据回传给应用程序，若是加密的系统还必须做加解密操作；

（6）存储器：存储用户程序和数据；

（7）解调电路：解调 Tag 发送过来的微弱信号，再发送给微处理器处理。

RFID 系统工作时，一般先由读写器发射一个特定的询问信号，当电子标签感应到这个信号后给出应答信号。读写器接收到应答信号后对其处理，然后将处理后的信息返回给外部主机。

2）电子标签

电子标签也就是所谓的应答器（Transponder），是射频识别系统的数据载体，存储着被识别物体的相关信息。电子标签主要由天线及 IC 芯片构成。根据供电方式的不同，电子标签可分为无源标签、有源标签和半无源标签。

无源标签没有电池，它从读写器发出的电磁波中获取芯片工作的能量。无源标签可永久使用，但是通信距离比有源标签要短。无源标签由于需要外部信号来进行供电，因此自身的处理能力十分有限。

有源标签使用内部电池与读写器进行无线通信。有源标签的通信距离较长，不过会受到电池寿命的限制，功能比无源标签更多，可以支持传感器、密码算法、定位等功能。有源标签价格比无源标签高，体积也比较大。

还有一种内置电池的 RFID 标签，平时不发出电磁波，无线通信时和无源标签相同，电池用来给内部的传感器或存储器供电，这样的标签被称为半无源标签。

电子标签结构框图如图 2.2.2 所示。电子标签通常包含：

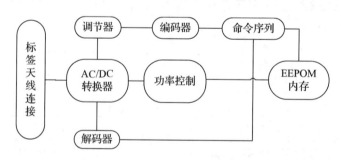

图 2.2.2　RFID 系统电子标签结构框图

（1）天线：用来接收由读写器发送过来的信号，并把所要求的数据发送给读写器；

（2）AC/DC 电路：把由卡片读写器发送过来的射频信号转换成 DC 电源，并经大电容储存能量，再经稳压电路提供稳定的电源；

（3）解调电路：把载波去除以提取出真正的调制信号；

（4）逻辑控制电路：对读写器所送过来的信号译码，并根据其要求将数据回送给读写器；

（5）内存：作为系统运作及存放识别数据的位置；

（6）调制电路：逻辑控制电路所送出的数据经调制电路加载到天线并发送给读写器。

　　3) 应用软件系统

应用软件系统通常包含：

　　(1) 硬件驱动程序：连接、显示及处理读写器操作；

　　(2) 控制应用程序：控制读写器的运作，接收读写器所回传的数据，并作出相对应的处理，如开门、结账、派遣、记录等。

　　(3) 数据库：储存所有 Tag 的相关数据，供控制程序使用。

3. RFID 系统工作原理

　　RFID 系统基本原理如图 2.2.3 所示。读写器(读卡器)通过天线发送一定频率的射频信号；当标签进入读写器的有效区域时，其天线产生感应电流，从而使标签(无源标签或被动标签)获得能量被激活并向读写器发送产品信息，或者由标签(有源标签或主动标签)主动发送某一频率的信号；读写器接收到标签发送的载波信号，并对接收的信号进行解调和解码后送至计算机主机进行处理；数据管理系统根据逻辑运算来判断该标签的合法性，针对不同的设定做出相应的处理和控制，发出指令信号；标签控制器接收指令并完成存储、发送数据或其他操作。

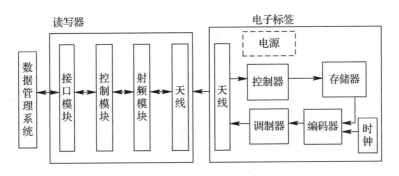

图 2.2.3　RFID 系统原理框图

　　RFID 卡片读写器与电子标签之间的通信及能量感应方式大致可以分成电感耦合及电磁反向散射耦合两种。一般低频的 RFID 大多采用第一种方式，而较高频的 RFID 大多采用第二种方式。

　　1) 电感耦合

　　类似于变压器模型，RFID 卡片读写器与电子标签之间通过空间高频交变磁场实现耦合，依据的是电磁感应定律。电感耦合方式一般适合中、低频工作的近距离射频识别系统。

　　读写器与电子标签之间的电感耦合方式如图 2.2.4 所示。

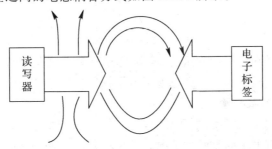

图 2.2.4　读写器与电子标签之间的电感耦合方式

2）电磁反向散射耦合

RFID 卡片读写器与电子标签之间的耦合类似于雷达原理模型，发射出去的电磁波碰到目标后反射，同时携带回目标信息，依据的是电磁波的空间传播定律。电磁反向散射耦合方式一般适合于高频、微波工作的远距离射频识别系统。

读写器与标签之间的电磁反向散射耦合方式如图 2.2.5 所示。

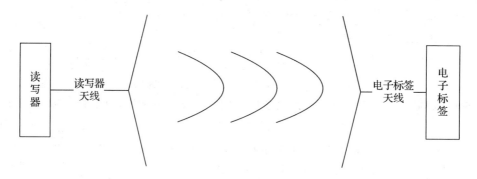

图 2.2.5　读写器与电子标签之间的电磁反向散射耦合方式

在实际应用中，可进一步通过 Ethernet 或 WLAN 等实现对物体识别信息的采集、处理及远程传送等管理功能。读写器是 RFID 系统的信息载体，它大多是由耦合元件（线圈、微带天线等）和微芯片组成的无源单元。

4. RFID 系统的分类

根据射频识别系统的特征，可以将射频识别系统进行多种分类。射频识别系统根据工作方式不同可分为全双工系统、半双工系统和时序系统三大类；根据电子标签的数据量可分为 1 比特系统和多比特系统两大类；根据读取电子标签数据的技术实现手段可分为广播发射式系统、倍频式系统和反射调制式系统三大类，等等。

1）根据工作方式分类

（1）全双工系统。在全双工系统中，数据在读写器和电子标签之间的双向传输是同时进行的，并且从读写器到电子标签的能量传输是连续的，与传输的方向无关。其中，电子标签发送数据的频率是读写器频率的几分之一，即采用分谐波或一种完全独立的非谐波频率。

（2）半双工系统。在半双工系统中，从读写器到电子标签的数据传输和从电子标签到读写器的数据传输是交替进行的，并且从读写器到电子标签的能量传输是连续的，与数据传输的方向无关。

（3）时序系统。在时序系统中，从读写器到电子标签的数据传输是在电子标签的能量供应间歇期进行的，而从读写器到电子标签的能量传输总是在限定的时间间隔内进行。

时序系统的缺点是在读写器发送间歇期，电子标签的能量供应中断，这就要求系统必须有足够大容量的辅助电容器或辅助电池对电子标签进行能量补偿。

2）根据电子标签的数据量分类

（1）1 比特系统。1 比特系统的数据量为 1 bit，该系统中读写器针对在电磁场中有电子标签和在电磁场中没有电子标签两种情况，能够发送 0、1 两种状态的信号。

这种系统对于实现简单的监控或者信号发送功能是足够的。因为生产 1 比特电子标签不需要电子芯片，所以这种系统价格比较便宜，主要应用在商品防盗系统中。

（2）多比特系统。多比特系统中电子标签的数据量通常在几个字节到几千个字节之间，主要由具体应用来决定。

3）根据读取信息手段分类

（1）广播发射式射频识别系统。广播发射式射频识别系统实现起来最简单。电子标签必须采用有源方式工作，并实现将其存储的标识信息向外广播，读写器相当于一个只收不发的接收机。这种系统的缺点是标签必须不停地向外发射信息，造成能量浪费和电磁污染。

（2）倍频式射频识别系统。读写器发出射频查询信号，电子标签返回的信号载频为读写器发出的射频的倍频。对于无源电子标签，电子标签将接收的射频能量转换为倍频回拨载频时，其能量转换效率较低。提高转换效率需要较高的微波技巧，这就意味着更高的电子标签成本，且系统工作需占用两个工作频点。

（3）反射调制式射频识别系统。实现反射调制式射频识别系统首先要解决同频收发问题。在系统工作时，读写器发出射频查询信号，电子标签（无源）将部分接收到的微波能量信号整流为直流电，以供电子标签内的电路工作，另一部分微波能量信号将电子标签内保存的数据信息进行调制（ASK）后发射回读写器。读写器接收到反射回的调幅调制信号后，从中解码得出电子标签所发送的数据信息。

在系统工作过程中，读写器发出微波信号与接收反射回的调幅调制信号是同时进行的，反射回的信号强度较发射信号要弱得多，因此技术实现上的难点在于同频收发。

5. RFID 系统的优势

RFID 技术是一项易于操控、简单实用且特别适合用于自动化控制的应用技术。RFID系统可在各种恶劣环境下工作，短距离射频产品不怕油渍、灰尘污染等恶劣的环境，可以替代条码，例如用在工厂的流水线上跟踪物体；长距射频产品多用于交通上，识别距离可达几十米，如自动收费或识别车辆身份等。射频识别系统的优势主要有以下几个方面：

（1）读取方便快捷：数据的读取无需光源，甚至可以透过外包装来进行；有效识别距离更大，采用自带电池的主动标签时，有效识别距离可达到 30 米以上。

（2）识别速度快：标签一进入磁场，解读器就可以即时读取其中的信息，而且能够同时处理多个标签，实现批量识别。

（3）数据容量大：数据容量最大的二维条形码（PDF417）最多也只能存储 2725 个数字，若包含字母，存储量则会更少；RFID 标签则可以根据用户的需要扩充到数十千字节。

（4）使用寿命长，应用范围广：无线电通信方式使射频识别系统可以应用于粉尘、油污等高污染环境和放射性环境，而且封闭式包装使其寿命大大超过印刷的条形码。

（5）标签数据可动态更改：利用编程器可以向标签写入数据，从而赋予 RFID 标签交互式便携数据文件的功能，而且写入时间比打印条形码更少。

（6）更好的安全性：射频识别系统不仅可以嵌入或附着在不同形状、类型的产品上，而且可以为标签数据的读写设置密码保护，从而具有更高的安全性。

（7）动态实时通信：标签以每秒 50～100 次的频率与解读器进行通信，所以只要 RFID标签所附着的物体出现在解读器的有效识别范围内，就可以对其位置进行动态的追踪和监控。

RFID 因其所具备的远距离读取、高储存量等特性而备受关注。它不仅可以帮助一个企业大幅提高货物、信息管理的效率，还可以让销售企业和制造企业互联，从而更加准确地接收反馈信息，控制需求信息，优化整个供应链。

2.2.2 RFID 天线分析与设计

自 1970 年第一张 IC 卡问世以来，IC 卡成为当时微电子技术市场增长最快的产品之一，到 1996 年全世界发售的 IC 卡就有 7 亿多张。但是，这种接触式 IC 卡有其自身不可避免的缺点，即接触点对腐蚀和污染缺乏抵抗能力，大大降低了 IC 卡的使用寿命和使用范围。近年来人们开始开发应用非接触式 IC 卡来逐步替代接触式 IC 卡，其中射频识别卡就是一种典型的非接触式 IC 卡，它是利用无线通信技术来实现系统与 IC 卡之间的数据交换，显示出比一般接触式 IC 卡使用更便利的优点，已被广泛应用于制作电子标签或身份识别卡。然而，RFID 在不同的应用环境中需要采用不同的天线通信技术来实现的数据交换。射频天线的设计是 RFID 不同应用系统的关键，下面分别介绍几种典型的 RFID 天线及其设计原理，并介绍利用 Ansoft HFSS 工具来设计一种全向的 RFID 天线。

1. RFID 天线概述

RFID 卡与读写器实现数据通信过程中起关键作用的是天线。一方面，无源的 RFID 卡芯片要启动电路工作需要通过天线在读写器天线产生的电磁场中获得足够的能量；另一方面，天线决定了 RFID 卡与读写器之间的通信信道和通信方式。

目前 RFID 已经得到了广泛应用，且有国际标准 ISO10536、ISO14443、ISO15693、ISO18000 等几种。这些标准除规定了通信数据帧协议外，还着重对工作距离、频率、耦合方式等与天线物理特性相关的技术规格进行了规范。RFID 应用系统的标准制定决定了 RFID 天线的选择，下面将分别介绍已广泛应用的各种类型的 RFID 天线及其性能。

2. RFID 天线类型

RFID 天线主要有线圈型、微带贴片型、偶极子型 3 种基本类型。其中，通信距离小于 1 m 的近距离应用系统的 RFID 天线一般采用工艺简单、成本低的线圈型天线，它们主要工作在中低频段。而 1 m 以上远距离的应用系统需要采用微带贴片型或偶极子型天线，它们工作在高频及微波频段。这几种类型天线的工作原理不同。

1）线圈天线

当 RFID 的线圈天线进入读写器产生的交变磁场中，RFID 天线与读写器天线之间的相互作用就类似于变压器，两者的线圈相当于变压器的初级线圈和次级线圈。由 RFID 的线圈天线形成的谐振回路如图 2.2.6 所示，它包括 RFID 天线的线圈电感 L、电容 C_p 和并联电容 C_2，其谐振频率为

$$f = 12\pi LC \qquad (2-42)$$

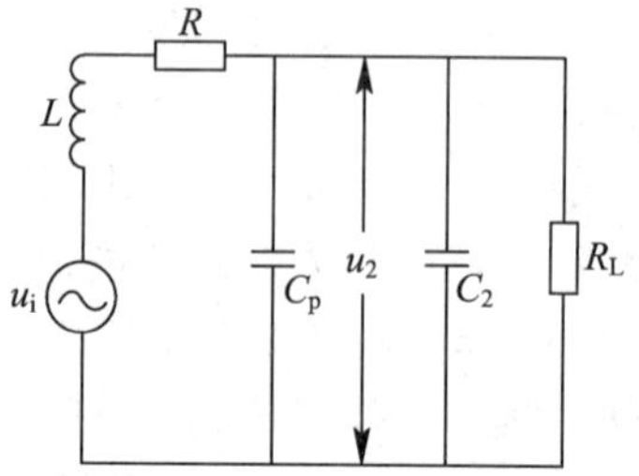

图 2.2.6 应答器等效电路图

式中 C 为 C_p 和 C_2 的并联等效电容。RFID 应用系统就是通过这一频率载波实现双向数据通信的。常用的 ID21 型非接触式 IC 卡的外观为一小型的塑料卡（85.72 mm × 54.03 mm × 0.76 mm），天线线圈谐振工作频率通常为 13.56

MHz。目前已研发出面积最小为 0.4 mm×0.4 mm 线圈天线的短距离 RFID 应用系统。某些应用要求 RFID 天线线圈外形（面积）很小，且需一定的工作距离，如用于动物识别的 RFID。线圈外形小的话，RFID 与读写器间的天线线圈互感量 M 就明显不能满足实际使用要求。通常在 RFID 的天线线圈内部插入具有高磁导率 μ 的铁氧体材料，以增大互感量，从而补偿线圈横截面积减小的问题。

2）微带贴片天线

微带贴片天线是由贴在带有金属地板的介质基片上的辐射贴片导体所构成的，如图 2.2.7 所示。根据天线辐射特性的需要，可以将贴片导体设计为各种形状。通常贴片天线的辐射导体与金属地板距离为波长的几十分之一，假设辐射电场沿导体的横向与纵向两个方向没有变化，仅沿约为半波长的导体长度方向变化，则微带贴片天线的辐射基本上是由贴片导体开路边沿的边缘场引起的，辐射方向基本确定，因此，一般适用于通信方向变化不大的 RFID 应用系统中。为了提高天线的性能并考虑其通信方向性问题，人们还提出了各种不同的微带缝隙天线，如设计工作在 2.4 GHz 频率下的单缝隙天线和 5.9 GHz 频率下的双缝隙天线，其辐射波为线极化波；开发圆极化缝隙耦合贴片天线，它可以采用左旋圆极化和右旋圆极化来对二进制数据中的"1"和"0"进行编码。

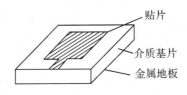

图 2.2.7 微带天线

3）偶极子天线

在远距离耦合的 RFID 应用系统中，最常用的是偶极子天线（又称对称振子天线）。偶极子天线及其演化形式如图 2.2.8 所示，其中偶极子天线由两段粗细相同且等长的直导线排成一条直线构成，信号从中间的两个端点馈入，在偶极子的两臂上将产生一定的电流分布，这种电流分布就会在天线周围空间激发起电磁场。

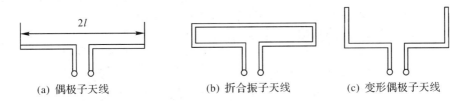

(a) 偶极子天线　　　　(b) 折合振子天线　　　　(c) 变形偶极子天线

图 2.2.8 偶极子天线及其演化形式

利用麦克斯韦方程就可以求出其辐射场方程，即

$$E_\theta = \int_{-l}^{l} dE_\theta = \int_{-l}^{l} \left(\frac{60\alpha I_z}{r}\right) \sin\theta \cos(\alpha_z \cos\theta) dz \tag{2-43}$$

式中：I_z 为沿振子臂分布的电流；α 为相位常数；r 为振子中点到观察点的距离；θ 为振子轴中点和观察点连线与振子轴的夹角；l 为单个振子臂的长度。同样，也可以得到天线的输入阻抗、输入回波损耗、阻抗带宽和天线增益等特性参数。

当单个振子臂的长度 $l=\lambda/4$ 时(半波振子),输入阻抗的电抗分量为零,天线输入阻抗可视为一个纯电阻。在忽略天线粗细的横向影响下,简单的偶极子天线设计可以取振子的长度 l 为 $\lambda/4$ 的整数倍,如工作频率为 2.45 GHz 的半波偶极子天线,其长度约为 6 cm。当要求偶极子天线有较大的输入阻抗时,可采用图 2.2.8(b)所示的折合振子。

3. RFID 射频天线的设计

从 RFID 技术原理和 RFID 天线类型上看,RFID 具体应用的关键在于 RFID 天线的特点和性能。目前线圈型天线的实现技术很成熟,虽然都已广泛地应用在身份识别、货物标签等 RFID 应用系统中,但是对于那些要求频率高、信息量大、工作距离和方向不确定的 RFID 应用场合,采用线圈型天线则难以实现相应的性能指标。同样,如果采用微带贴片天线的话,由于实现工艺较复杂,成本较高,短期内并不适用于低成本的 RFID 应用系统。偶极子天线具有辐射能力较强、制造简单和成本低等优点,且可以设计成适用于全方向通信的 RFID 应用系统,因此,下面具体设计一个工作于 2.45 GHz 频率(国际工业医疗研究自由频段)下的 RFID 偶极子天线。

半波偶极子天线模型如图 2.2.8(a)所示。天线采用铜材料(电导率为 5.8×10^7 S/m,磁导率为 1 H/m),位于充满空气的立方体中心。在立方体外表面设定辐射吸收边界。输入信号由天线中心处馈入,也就是 RFID 芯片所在的位置。对于 2.45 GHz 的工作频率,其半波长度约为 61 mm,设偶极子天线臂宽 w 为 1 mm,且无限薄,由于天线臂宽的影响,要求实际的半波偶极子天线长度为 57 mm。

在 Ansoft HFSS 工具平台上,采用有限元算法对该天线进行仿真,获得的输入回波损耗 S_{11} 分布图如图 2.2.9(a)所示,辐射场 E 面(在辐射方向图中,xoz 平面和 yoz 平面分别代表 E 面和 H 面。其中,E 面指的是辐射最大方向和电场所在的平面,H 面指的是最大辐射方向和磁场所在的平面)方向图如图 2.2.9(b)所示。天线输入阻抗约为 72 Ω。电压驻波比(VSWR, Voltage Standing Wave Ratio)小于 2.0 时的阻抗带宽为 14.3%,天线增益为 1.8。从图 2.2.9(b)可以看到,在天线轴方向上,天线几乎无辐射。如果此时读写器处于该方向上,应答器将不会做出任何反应。(驻波比是行波系数的倒数,其值在 1 到无穷大之间。驻波比为 1,表示完全匹配;驻波比为无穷大表示全反射,完全失配。在移动通信系统中,一般要求驻波比小于 1.5,但实际应用中 VSWR 应小于 1.2。过大的驻波比会减小基站的覆盖并造成系统内干扰加大,影响基站的服务性能。)

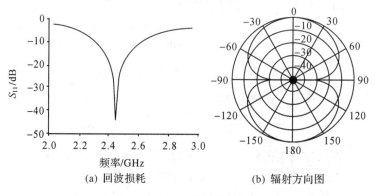

(a) 回波损耗　　　　　　(b) 辐射方向图

图 2.2.9　偶极子天线

　　为了获得全方位辐射的天线以克服该缺点，可以对天线做适当的变形，如在偶极子天线臂末端垂直方向上延长 $\lambda/4$，如图 2.2.8(c)所示。这样天线总长度修改为($57.0\ \text{mm}+2\times28.5\ \text{mm}$)，天线臂宽仍然为 1 mm。天线臂延长 $\lambda/4$ 后，整个天线谐振于 1 个波长，而非原来的半个波长。这就使得天线的输入阻抗大大地增加，仿真计算结果约为 2 kΩ。其输入回波损耗 S_{11} 如图 2.2.10(a)所示。图 2.2.10(b)为 E 面（天线平面）上的辐射场方向图，其中实线为仿真结果，虚线为实际样品测量数据，两者结果较为吻合，说明了该设计是正确的。从图 2.2.10(b)可以看到在原来弱辐射的方向上得到了很大的改善，其辐射已经近似为全方向的了。电压驻波比(VSWR)小于 2.0 时的阻抗带宽为 12.2%，增益为 1.4，对于大部分 RFID 应用系统，该偶极子天线可以满足要求。

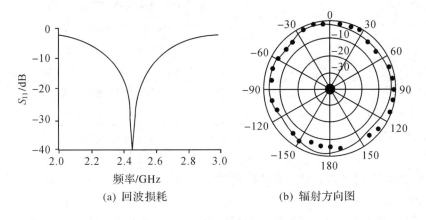

(a) 回波损耗　　　　　　　(b) 辐射方向图

图 2.2.10　变形偶极子天线

　　总之，RFID 的实际应用关键在于天线设计上，特别是对于具有非常大市场容量的商品标签来说，要求 RFID 能够实现全方向的无线数据通信，且还要价格低廉、体积小。因此，所设计的上述这种全向型偶极子天线的结构简单、易于批量加工制造，是可以满足实际需要的。通过对设计出来实际样品的进行参数测试，测试结果与设计预期结果一致。

2.2.3　RFID 遵循的通信编码规则

1. RFID 技术标准

　　RFID 技术标准是 RFID 标准体系中最基本的组成部分，其中涉及的主要问题包括：合法使用的频率范围，包括读卡器与电子标签通信的无线电频率使用规范；空中接口标准，主要规定电子标签与读卡器之间的空中信息交换所需的基本约定；其他标准，如数据格式定义、接口与应用等。国际上 RFID 标准主要由 ISO(International Standard Organization)、IEC(International Electric Committee)、EPCglobal、UID 等几个机构制定。这些标准对 RFID 的协议进行了规定，包括调制方式、编码方式、码速率及协议层的定义。目前常用的 RFID 国际标准如表 2.2.1 所示。

表 2.2.1 RFID 的主要标准

标准号	标准名称/内容
ISO11784	基于动物的无线射频识别的代码结构
ISO11785	基于动物的无线射频识别技术准则
ISO10536	密耦合卡(Close Coupled Cards)
ISO14443	近耦合卡(Proximity Cards)
ISO15693	疏耦合卡(Vicinity Cards)
ISO10374	货运集装箱标签(自动识别)
ISO18185	货运集装箱标签(自动识别)
ISO18000 - 1	货运集装箱电子封条 RF 通信协议
ISO18000 - 2	135 kHz 以下空中接口参数
ISO18000 - 3	13.56 MHz 空中接口参数
ISO18000 - 4	2.45 GHz 空中接口参数
ISO18000 - 6	860~960 MHz 空中接口参数
ISO18000 - 7	433.92 MHz 空中接口参数

注:ISO18000 - 5 规定了 5.8 GHz 下的参数,但已被否决,不会成为国际标准。

(1) ISO11784 和 ISO11785 技术标准:ISO11784 与 ISO1178 分别规定了动物识别的代码结构和技术准则,标准并没有对标签的样式和尺寸加以规定,因此可以设计成适合于所涉及动物的各种形式,如玻璃管状、耳环状等。数据代码结构为 64 位,其中的 27~64 位可由各个国家自行定义。技术准则规定了标签的数据传输方法和读卡器规范。工作频率为 134.2 kHz,数据传输方式有全双工和半双工两种方式,读卡器数据以差分双相代码表示,标签件采用 FSK(Frenquency Shift Keying,频移键控)调制,NRZ(Non Return to Zero,反向不归零)编码。由于存在较长的标签充电时间和工作频率的限制,通信速率较低。

(2) ISO10536、ISO15693 和 ISO14443 技术标准:ISO10536 标准发展于 1992 年至 1995 年间,由于这种卡的成本高,与接触式 IC 卡相比优点很少,因此这种卡从未在市场销售。ISO15693 和 ISO14443 标准在 1995 年开始制订,单个系统于 1999 年进入市场,两项标准的完成则是在 2000 年之后,二者皆以 13.56 MHz 交变信号为载波频率。ISO15693 读写距离较远,而 ISO14443 读写距离较近,但应用较广泛。目前的第二代电子身份证采用的标准是 ISO14443 TYPE B 协议。ISO14443 定义了 TYPE A 、TYPE B 两种类型协议,通信速率为 106 kbit/s,它们的不同主要在于载波的调制深度及位的编码方式。TYPE A 采用开关键控(On-Off-Keying)的 Manchester 编码,TYPE B 采用 NRZ - L(Non Return to Zero Level)的 BPSK(Binary Phase Shift Keying,二进制相移键控)编码。TYPE B 与 TYPE A 相比,具有传输能量不中断、速率高、抗干扰能力强的优点。RFID 的核心是防冲撞技术,这也是和接触式 IC 卡的主要区别。ISO14443 - 3 规定了 TYPE A 和 TYPE B 的防冲撞机制。二者防冲撞机制的原理不同,前者是基于位冲撞检测协议,而 TYPE B 通信是利用系列命令序列完成防冲撞。ISO15693 采用轮寻机制、分时查询的方式完成防冲撞机制。防冲撞机制使得同时处于读写区内的多张卡的正确操作成为可能,既方便了操作,也提高了操作的速度。

（3）ISO18000 技术标准：ISO18000 是一系列标准，它可用于商品的供应链，但 ISO18000 - 6 只规定了空中接口协议，对数据内容和数据结构无限制。ISO18000 - 6 标准又分为三类，分别是 ISO18000 - 6A、ISO18000 - 6B 和 ISO18000 - 6C（EPCglobal Gen2）。

2. RFID 相关规则

RFID 系统在工作时辐射电磁波，因此应保证它不会干扰或削弱其他无线电服务的功能，特别是 RFID 系统附近的无线电广播和电视广播、移动的无线电服务、航运和航空用无线电服务和移动电话等。所以，无线电规则问题是 RFID 技术与应用面临的最基本问题，所涉及的问题主要有：RFID 应用分配的频率范围；RFID 设备发射的功率电平限制；RFID 设备发射占用频带限制（主要有发射主瓣电平限制及带宽和发射旁瓣电平限制及带宽）；其他杂散发射限制。

目前世界上无线电使用管理机构或组织主要有：欧洲的 ETSI；美国的 FCC；日本的 ARIB，中国的 RAC 等。RFID 系统占用的频谱要服从分配，RFID 设备发射功率电平、发射占用带宽、ACPR、杂散发射等参数要按照相关规定受到限制。表 2.2.2 是 RFID 的主要频段在美国、欧洲和日本的适用法规。表 2.2.3 是在 UHF 频段一些国家或地区的发射功率的说明。

表 2.2.2　RFID 主要应用频段在一些国家或地区适用的法规

ISO/IEC Standard	Regulation Test Specification		
Standard Name	United States	Europe	Japan
	Regulation	Regulation	Regulation
ISO14443 Smart Card 13.56 MHz	FCC：15.209，15.225	ETSI：EN300 330 - 1	ARIB STD T - 82
ISO18000 - 2 125/134 kHz	FCC：15.209，15.217	ETSI：EN300 330 - 1	Less than 500 micro
ISO18000 - 3 13.56 MHz Tag	FCC：15.209，15.225	ETSI：EN300 330 - 1	ARIB STD T - 82
ISO18000 - 4 2.4 GHz Tag	FCC：15.209，15.247	ETSI：EN300 328	ARIB STD T - 81
ISO18000 - 6 860 - 960 MHz Tag	FCC：15.209，15.247，15.249	ETSI：EN302 208 - 1 V1.1.1 （2004 - 9）	ARIB STD T - 89 952～954 MHz ARIB STD T - 90 952～955 MHz
ISO18000 - 7 433 MHz Tag	FCC：15.209，15.231	ETSI：EN300 220 - 1	Can't use for RFID
ISO18092 NFC，13.56 MHz	FCC：15.209，15.225	ETSI：EN300 330 - 1 V1 - 5 - 1	ARIB STD T - 82
ISO15693 Vicinity	FCC：15.209，15.225	ETSI：EN300 330 - 1	ARIB STD T - 82

表 2.2.3 各种 RFID 特征参数表

国家、地区	频率范围/MHz	功 率	通信方式
中国大陆	840～845，920～925	2 W ERP	跳频
台湾	922～928	1 W ERP 室内	跳频
		0.5 W ERP 室外	
香港	865～868	2 W ERP	
	920～925	4 W EIRP	
南美	902～928	4W EIRP	跳频
韩国	908.5～910	4 W EIRP	侦听后发
	910～914	4 W EIRP	跳频
欧洲各国	865.6～867.6	2 W ERP	侦听后发
澳大利亚	918～926	1 W/4 W EIRP	
阿根廷、加拿大	902～928	4 W EIRP	跳频
墨西哥	902～928	4 W EIRP	跳频
新西兰	864～868	4 W EIRP	
日本	952～954	4 W EIRP	
新加坡	866～869	0.5 W ERP	
	923～925	2 W ERP	

注：EIRP(Effective Isotropic Radiated Power)为有效全向辐射功率，也称为等效全向辐射功率，它的定义是地球站或卫星的天线发送出的功率 P 和该天线增益 G 的乘积，即 $EIRP = P \times G$；ERP(Effective Radiated Power)为有效辐射功率。

随着 RFID 技术的进一步成熟及其在新的领域的应用，RFID 的技术标准和相关规则将进一步完善和细化，以保证 RFID 技术在各个频段、各个领域得到合理的利用。RFID 将会渗透到人们日常生活的各个方面，为人们的日常生活带来更多的便利。

3. RFID 防碰撞技术

在 RFID 系统应用中，因为多个读写器或多个标签造成的读写器或标签之间的相互干扰统称为碰撞。

1) 碰撞的类型

RFID 系统中有以下两种类型的通信碰撞。

(1) 读写器碰撞：多个读写器同时与一个标签通信，致使标签无法区分读写器的信号，导致碰撞的发生。

(2) 电子标签碰撞：多个标签同时响应读写器的命令而发送信息，引起信号碰撞，使读写器无法识别标签。

由于读写器能检测碰撞并且读写器之间能相互通信，所以读写器碰撞能很容易得到解决。因此，射频识别系统中的碰撞一般是指电子标签碰撞。

2) 电子标签防碰撞技术

RFID 系统电子标签防碰撞方法有空分多路法(SDMA)、频分多路法(FDMA)、时分多路法(TDMA)和码分多路法(CDMA)。

(1) 空分多路法(空间分割多重存取)是指利用空间分割构成不同的信道,例如,在一颗卫星上使用多个天线,每个天线的波束射向地球上不同地区的地球站,在同一时间,即使使用相同的频率进行工作,它们之间也不会形成干扰。空分多路法是一种信道增容的方式,可以实现频率的重复使用,充分利用频率资源。空分多路法的缺点是天线系统复杂,会大幅度提高成本。

(2) 频分多路法(频率分割多重存取)是指将信道带分割为若干更窄的互不相交的频带(称为子频带),划分后的每个子频带分给一个用户专用(称为地址)。频分多路法可将需要传输的每路信号调制到不同的载波频率上,传输过程中不同频率的各路信号不会相互干扰,缺点是每个接收通路必须有单独的接收器,读写器的费用高。

(3) 时分多路法是把整个可供使用的信道容量按时间分配给多个不同用户的技术。在RFID 系统中,TDMA 是被广泛采用的多路方法,具体分为标签控制(驱动法)和读写器控制(询问驱动法)。大多数 RFID 系统采用由读写器作为主控制器的控制方法。实现方法是在所有标签中,在某个时间内只建立唯一的读写器和标签的通信关系,这可以很好地解决标签碰撞问题。

(4) 码分多路法是指不同用户传输信息所用的信号不是按照频率不同或时隙不同来区分,而是用各自不同的编码序列来区分,或者说靠信号的不同波形来区分。如果从频域或时域来观察,多个 CDMA 信号是相互重叠的。CDMA 是利用不同的码序列分割成不同信道的多址技术。

在 CDMA 蜂窝通信系统中,用户之间的信息传输是由基站进行转发和控制的。为实现双工通信,正向传输和反向传输各使用一个频率,即通常所谓的频分双工,无论正向传输或反向传输,除了传输业务信息外,还必须传送相应的控制信息。为了传送不同的信息,需要设置相应的信道。但是,CDMA 通信系统既不分频道又不分时隙,无论传送何种信息的信道都靠采用不同的码型来区分。类似的信道属于逻辑信道,这些逻辑信道无论从频域或者时域来看都是相互重叠的,或者说它们均占有相同的频段和时间。

CDMA 的频带利用率低,信道容量较小,地址码选择较难,接收时地址码捕获时间较长,其通信频带和技术复杂性使该方法在 RFID 系统中难以应用。

2.2.4　四种典型的 RFID 技术

RFID 频率是 RFID 系统的一个很重要的参数指标,它决定了工作原理、通信距离、设备成本、天线形状和应用领域等各种因素。不同频段的 RFID 产品会有不同的特性,定义RFID 产品的工作频率有低频、高频和超高频。不同的频率范围内有符合不同标准的不同产品,而且不同频段的 RFID 产品会有不同的特性。下面详细介绍感应器在不同工作频率下产品的特性以及主要的应用。RFID 典型的工作频率有 125 kHz、133 kHz、13.56 MHz、27.12 MHz、433 MHz、860～960 MHz、2.45 GHz、5.8 GHz 等。

1. 低频 RFID 技术

1) 低频 RFID 技术概述

低频(LF)范围为 30～300 kHz,RFID 典型低频工作频率有 125 kHz 和 133 kHz 两个,该频段的波长大约为 2500 m。低频标签一般都为无源标签。RFID 技术首先在低频得到广泛的应用和推广。该频率主要是通过电感耦合的方式进行工作，也就是在读写器线圈和感应器线圈间存在着变压器耦合作用。通过读写器交变场的作用，在感应器天线中感应的电压被整流，可作供电电压使用。磁场区域能够很好地被定义，但是场强下降得太快。

2）低频 RFID 技术的特性

（1）工作在低频的感应器的一般工作频率从 120 kHz 到 134 kHz，TI 的工作频率为 134.2 kHz。该频段的波长大约为 2500 m。

（2）除了金属材料外，一般低频产品的电磁波能够穿过任意材料的物品而不降低它的读取距离。

（3）工作在低频的读写器在全球没有任何特殊的许可限制。

（4）低频产品有不同的封装形式。好的封装形式虽然价格太贵，但是有 10 年以上的使用寿命。

（5）虽然该频率的磁场强度下降得很快，但是能够产生相对均匀的读写区域。

（6）相对于其他频段的 RFID 产品，该频段数据传输速率比较慢。

（7）感应器的价格相对于其他频段来说要贵一些。

3）低频 RFID 技术的主要应用

目前，低频 RFID 技术主要应用于以下几个方面：畜牧业的管理系统，如图 2.2.11 所示为低频动物电子耳标；汽车防盗和无钥匙开门系统的应用；马拉松赛跑系统的应用；自动停车场收费和车辆管理系统；自动加油系统的应用；酒店门锁系统的应用；门禁和安全管理系统，等等。

图 2.2.11　低频动物电子耳标

2. 高频 RFID 技术

1）高频 RFID 技术概述

高频（HF）范围为 3～30 MHz，RFID 典型高频工作频率为 13.56 MHz，该频率的波长大约为 22 m，通信距离一般小于 1 m。在该频率的感应器不再需要线圈进行绕制，可以通过腐蚀或者印刷的方式制作天线。感应器一般通过负载调制的方式进行工作，也就是通过感应器上的负载电阻的接通和断开促使读写器天线上的电压发生变化，实现用远距离感应器对天线电压进行振幅调制。如果人们通过数据控制负载电压的接通和断开，那么这些数据就能够从感应器传输到读写器。

值得注意的是，在 13.56 MHz 频段中主要有 ISO14443 和 ISO15693 两个标准来组成，ISO14443 俗称 Mifare 1 系列产品，识别距离近，但价格低、保密性好，常作为公交卡、门禁卡来使用；ISO15693 的最大优点在于识别效率，通过较大功率的读写器可将识别距离扩展至 1.5 m 以上，由于该频率的电磁波穿透性好，在处理密集标签时有优于超高频的读取效果。

2）高频 RFID 技术的特性

（1）工作频率为 13.56 MHz，该频率的波长大约为 22 m。

（2）除了金属材料外，该频率的电磁波可以穿过大多数的材料，但是往往会降低读取距离。标签需要离开金属 4 mm 以上距离，其抗金属效果在几个频段中较为优良。

（3）该频段在全球都得到认可，没有特殊的限制。

（4）感应器一般是电子标签。

（5）虽然该频率的磁场强度下降得很快，但是能够产生相对均匀的读写区域。

（6）该系统具有防冲撞特性，可以同时读取多个电子标签。

（7）该系统可以把某些数据信息写入标签中。

（8）该系统的数据传输速率比低频要快，且价格不是很贵。

图 2.2.12　图书管理系统电子标签

3）高频 RFID 技术的主要应用

高频 RFID 技术主要应用于以下几个方面：图书管理系统（见图 2.2.12）；瓦斯钢瓶的管理应用；服装生产线和物流系统的管理和应用；三表预收费系统；酒店门锁的管理和应用；大型会议人员通道系统；固定资产的管理系统；医药物流系统的管理和应用；智能货架的管理；珠宝盘点管理，等等。

3. 超高频 RFID 技术

1）超高频 RFID 技术概述

超高频（UHF）范围为 300 MHz～3 GHz，3 GHz 以上为微波范围。典型的工作频率为 433 MHz、860～960 MHz、2.45 GHz，频率波长在 30 cm 左右。超高频系统通过电场来传输能量。电场的能量下降得不是很快，但是读取的区域不是很好进行定义。该频段读取距离比较长，无源的超高频感应距离可达 10 m 左右。该频率主要是通过电容耦合的方式进行工作。

2）超高频 RFID 技术的特性

（1）在该频段，全球的定义不同，欧洲和亚洲部分国家定义的频率为 868 MHz，北美定义的频段为 902～905 MHz 之间，日本建议的频段为 950～956 MHz 之间。该频段的波长大约为 30 cm。

（2）该频段功率输出没有统一的定义（美国定义为 4 W，欧洲定义为 500 mW）。

（3）超高频频段的电磁波不能通过许多材料，特别是金属、液体、灰尘、雾等物质，可以说环境对超高频段的影响是很大的。

（4）电子标签的天线一般是长条和标签状。天线有线性和圆极化两种设计，满足不同应用的需求。

（5）该频段有较长的读取距离，但是对读取区域很难进行定义。

（6）该系统有很高的数据传输速率，在很短的时间可以读取大量的电子标签。

3）超高频 RFID 技术的主要应用

目前，超高频 RFID 技术主要应用于以下几个方面：供应链上的管理和应用；生产线自动化的管理和应用；航空包裹的管理和应用（见图 2.2.13）；集装箱的管理和应用；铁路包裹的管理和应用；系统的应用，等等。在将来，超高频的产品会得到大量的应用。例如，WalMart、Tesco、美国国防部和麦德龙超市都会在它们的供应链上应用 RFID 技术。

图 2.2.13　航空包裹的电子标签

4. 2.4 GHz 有源 RFID 技术

有源 RFI(任意频段，只要通电均为有源，常用的为 433 MHz、2.4 GHz、5.8 GHz，严格意义上，2.4 GHz 属于微波范围)具备低发射功率、通信距离长、传输数据量大、可靠性高和兼容性好等特点，与无源 RFID 相比，在技术上的优势非常明显。2.4 GHz 有源 RFID 技术被广泛地应用到公路收费、港口货运管理等方面。有源电子标签如图 2.2.14 所示。

图 2.2.14 有源电子标签

2.3 条码感知技术

除了射频识别技术以外，目前常用的感知技术还有一维码技术、二维码技术等。

2.3.1 一维码技术

1. 一维码的概念

一维码是由一组规则排列的条、空以及对应的字符组成的标记，如图 2.3.1 所示。"条"指对光线反射率较低的部分，"空"指对光线反射率较高的部分，这些条和空组成的数据表达一定的信息，并能够用特定的设备识读，转换成与计算机兼容的二进制和十进制信息。其对应字符由一组阿拉伯数字组成，供人们直接识读或通过键盘向计算机输入数据。这一组条、空和相应的字符所表示的信息是相同的。

图 2.3.1 一维码

2. 一维码工作原理

要将按照一定规则编译出来的条形码转换成有意义的信息，需要经历扫描和译码两个过程。物体的颜色是由其反射光的类型决定的，白色物体能反射各种波长的可见光，黑色物体则吸收各种波长的可见光，所以当一维码扫描器光源发出的光经光阑及凸透镜 1 后，照射到黑白相间的条码上时，反射光经凸透镜 2 聚焦后，照射到光电转换器上，于是光电转换器接收到与白条和黑条相应的强弱不同的反射光信号，并转换成相应的电信号输出到放大整形电路，如图 2.3.2 所示。白条、黑条的宽度不同，相应的电信号持续时间长短也不同。但是，由光电转换器输出的与一维码的条和空相应的电信号一般仅 10 mV 左右，不能直接使用，因而先要将光电转换器输出的电信号送放大器放大。放大后的电信号仍然是一个模拟电信号，为了避免由条码中的疵点和污点导致错误信号，在放大电路后需加一整形电路，把模拟信号转换成数字电信号，以便计算机系统能准确判读。

整形电路的脉冲数字信号经译码器译成数字、字符信息。它通过识别起始、终止字符来判别出条码符号的码制及扫描方向；通过测量脉冲数字电信号 0、1 的数目来判别出条和空的数目。通过测量 0、1 信号持续的时间来判别条和空的宽度。这样便得到了被辩读的

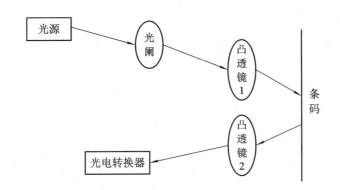

图 2.3.2　一维条码扫描器工作原理示意图

条码符号的条和空的数目及相应的宽度和所用码制,根据码制所对应的编码规则,便可将条形符号换成相应的数字、字符信息,通过接口电路送给计算机系统进行数据处理与管理,便完成了一维条码辨读的全过程。

3. 一维码技术的特性

一维码技术具有以下几个方面的优点:

(1) 输入速度快。与键盘输入相比,一维码输入的速度是键盘输入的 5 倍,并且能实现"即时数据输入"。

(2) 可靠性强。键盘输入数据出错率为三百分之一,利用光学字符识别技术出错率为万分之一,而采用一维码技术误码率低于百万分之一。

(3) 采集信息量大。利用一维码一次可采集几十位字符的信息,二维码更是可以携带数千个字符的信息,并有一定的自动纠错能力。

(4) 灵活实用。一维码标识既可以作为一种识别手段单独使用,也可以和有关识别设备组成一个系统实现自动化识别,还可以和其他控制设备连接起来实现自动化管理。

另外,一维码标签易于制作,对设备和材料没有特殊要求,识别设备操作容易,不需要特殊培训,且设备也相对便宜。

一维码也存在如下缺点:

(1) 一维码必须对着扫描仪才能成功读取信息。

(2) 如果印有一维码的横条或者标签被撕裂、污损或者脱落,就无法进行识别。

2.3.2　二维码技术

1. 二维码的概念

二维码又称二维条码,最早起源于日本,原本是 Denso Wave 公司为了追踪汽车零部件而设计的一种条码。它是用特定的几何图形按一定规律在二维平面上分布的黑白相间的图形(见图 2.3.3),是所有信息数据的一把钥匙。在现代商业活动中,二维码可实现的应用十分广泛。

图 2.3.3　二维条码示意图

2. 二维码工作原理

二维码(2 - Dimensional Bar Code)是用某种特定的几何图形按一定规律在平面(二维方向)上分布的黑白相间的图形记录数据符号信息的；在代码编制上巧妙地利用构成计算机内部逻辑基础的"0""1"比特流的概念，使用若干个与二进制相对应的几何形体来表示文字数值信息，通过图像输入设备或光电扫描设备自动识读以实现信息自动处理。它具有条码技术的一些共性：每种码制有其特定的字符集；每个字符占有一定的宽度；具有一定的校验功能等。它同时还具有对不同行的信息进行自动识别及处理图形旋转变化点的功能。二维码能够在横向和纵向两个方位同时表达信息，因此能在很小的面积内表达大量的信息。

3. 二维码的分类

二维码可以分为堆叠式/行排式、矩阵式。

1) 堆叠式/行排式

堆叠式/行排式二维码又称堆积式二维码或层排式二维码，其编码原理是建立在一维码基础之上，按需要堆积成二行或多行。它在编码设计、校验原理、识读方式等方面继承了一维码的一些特点，识读设备与条码印刷与一维码技术兼容。但由于行数的增加，需要对行进行判定，其译码算法与软件也不完全相同于一维码。具有代表性的行排式二维码有Code 16K、Code 49、PDF417等。

2) 矩阵式

矩阵式二维码又称棋盘式二维码，它是在一个矩形空间通过黑、白像素在矩阵中的不同分布进行编码。在矩阵相应元素位置上，用点(方点、圆点或其他形状)的出现表示二进制的"1"，点的不出现表示二进制的"0"，点的排列组合确定了矩阵式二维码所代表的意义。矩阵式二维码是建立在计算机图像处理技术、组合编码原理等基础上的一种新型图形符号自动识读处理码制。具有代表性的矩阵式二维码有Code One、Maxi Code、QR Code、Data Matrix等。

在图2.3.4所示矩阵中，黑白的区域在QR(Quick Response)码规范中被指定为固定的位置，称为寻像图形和定位图形。寻像图形和定位图形用来帮助解码程序确定图形中具体符号的坐标。黄色的区域用来保存被编码的数据内容以及纠错信息码。蓝色的区域用来标识纠错的级别(也就是Level L到Level H)和所谓的"Mask Pattern"，这个区域被称为"格式化信息"。

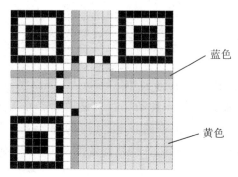

蓝色

黄色

图2.3.4　21×21的矩阵图

4.二维码技术的特性

（1）可靠性强。二维码的读取准确率远远超过人工记录，平均每 15 000 个字符才会出现一个错误。

（2）效率高。二维码的读取速度很快，相当于每秒 40 个字符。

（3）成本低。与其他自动化识别技术相比，二维码技术仅仅需要一小张贴纸和构造相对简单的光学扫描仪，成本相当低廉。

（4）易于制作。二维码制作：二维码的编写很简单，制作也仅仅需要印刷，被称作为"可印刷的计算机语言"。

（5）构造简单。二维码识别设备的构造简单，使用方便。

（6）灵活实用。二维码符号可以通过键盘输入，也可以和有关设备组成识别系统实现自动化识别，还可和其他控制设备联系起来实现整个系统的自动化管理。

（7）高密度。二维码通过利用垂直方向的堆积来提高条码的信息密度，而且采用高密度图形表示，因此不需事先建立数据库，真正实现了用条码对信息的直接描述。

（8）纠错功能。二维码不仅能防止错误，而且能纠正错误，即使条码部分损坏，也能将正确的信息还原出来。

（9）多语言形式，可表示图像。二维码具有字节表示模式，即提供了一种表示字节流的机制。无论何种语言文字，它们在计算机中存储时以机内码的形式表现，而内部码都是字节码，可识别多种语言文字的条码。

（10）具有加密机制。可以先用一定的加密算法将信息加密，再用二维码表示。在识别二维码时，再加以一定的解密算法，便可以恢复所表示的信息。

除此之外，二维码还具有可表示信息量密度高、尺寸大小比例可变、可以使用激光或 CCD 读写器识读等众多优点。

5.二维码的识别

二维码的阅读设备依阅读原理的不同可分为线性 CCD 和线性图像式阅读器、带光栅的激光阅读器、图像式阅读器。

二维码的识读设备依工作方式的不同可分为：

手持式：即二维码扫描枪。可以扫描 PDF417、QR 码、DM 码二维码的条码扫描枪。

固定式：即二维码读取器，台式，非手持，放在桌子上或固定在终端设备里，如 SUMLUNG 的 SL - QC15S 等。

通过图像的采集设备可得到含有条码的图像，此后主要经过条码定位、分割和解码三个步骤实现条码的识别（以矩阵式条码为例）。

1）条码定位

条码的定位是实现条码识别的基础，在一幅图像中如果找不到待识别的条码，后面的工作就无法完成。条码的定位就是找到条码符号的图像区域，对有明显条码特征的区域进行定位。然后根据不同条码的定位图形结构特征对不同的条码符号进行下一步的处理。

实现条码的定位采用以下步骤：

（1）利用点运算的阈值理论将采集到的图像转变为二值图像，即对图像进行二值化处理。

对图像进行二值化处理的方式为

$$g(x, y) = \begin{cases} 255, & f(x, y) \geqslant T \\ 0, & f(x, y) < T \end{cases} \tag{2-44}$$

式中：$f(x, y)$为点(x, y)处像素的灰度值；T为阈值（自适应门限）。

（2）得到二值化图像后，对其进行膨胀运算。

（3）对膨胀后的图像进行边缘检测得到条码区域的轮廓。

（4）确定寻像图形。

（5）探测图形中心坐标。

（6）确定长度和宽度。

（7）确定版本号。

（8）构造位图。

（9）得到纠错等级和掩膜图形。

2）条码分割

（1）将原图像按比例缩小进行分割，计算其特征值。

（2）分块继承父块纹理类别，结合其周围纹理类型进行修正。

（3）重复第（2）步直至图像被划分成2×2大小，分割结束。

（4）分割结束后，图中可能出现的孤立的小区域可作为噪声删除。

3）解码

得到一幅标准的条码图像后，对该符号进行网格采样，对网格每一个交点上的图像像素取样，并根据阈值确定是深色块还是浅色块。构造一个位图，用二进制的"1"表示深色像素，"0"表示浅色像素，从而得到条码的原始二进制序列值，然后对这些数据进行纠错和译码，解码过程具体如下：

（1）异或处理（XOR）；

（2）确定符号码字；

（3）重新排列码字序列；

（4）执行错误检测和纠错译码程序：

① L 级：约可纠错 7% 的数据码字；

② M 级：约可纠错 15% 的数据码字；

③ Q 级：约可纠错 25% 的数据码字；

④ H 级：约可纠错 30% 的数据码字；

（5）根据条码的逻辑编码规则把这些原始的数据位流转换成数据码字。

习　题

2.1　传感器基本原理是什么？

2.2　RFID 的组成部分有哪些？分别有什么作用？

2.3　简述 RFID 的工作原理。

2.4　RFID 的工作频率通常有哪些？各种频率的 RFID 技术特性分别是什么？

2.5　简述一维码的工作原理和特性。

第 3 章
网络通信基础技术

物联网网络层主要用于把感知层收集到的信息安全可靠地传输到信息处理层，然后根据不同的应用需求进行信息处理，实现对客观世界的有效感知及有效控制。物联网网络层将承担比现有网络更大的数据量和面临更高的服务质量要求，所以现有网络尚不能满足物联网的需求，这就意味着物联网需要对现有网络进行融合和扩展，利用新技术以实现更加广泛和高效的互联功能。

本章详细介绍了网络层所需关键技术，包括有线网络和无线网络、OSI 七层模型、CAN 总线技术、工业以太网技术、ZigBee 技术、蓝牙技术和 Wi-Fi 技术。

3.1　有线网络与无线网络

有线网络(Cable Network)是采用同轴电缆、双绞线和光纤连接的计算机网络。以太网是目前应用最广泛的有线局域网技术，具有开放性、低成本和广泛应用的软硬件支持等明显优势。以太网最典型的应用形式是 Ethernet＋TCP/IP。这种应用形式的底层是 Ethernet，网络层和传输层采用国际公认的标准 TCP/IP。以太控制网容易与信息网集成，组建统一的企业网。以太网克服了现场总线的不足，已成为控制网络的新趋势。

无线网络(Wireless Network)既包括允许用户建立远距离无线连接的全球语音和数据网络，也包括为近距离无线连接进行优化的红外线技术及射频技术。无线网络与有线网络的用途十分类似，最大的区别在于传输媒介的不同，利用无线电技术取代网线，可以和有线网络互为备份。

3.1.1　有线网络

1. 有线网络传播介质

以太网可以采用多种连接介质，包括同轴电缆、双绞线(Twisted Pair，TP)、光纤等。其中同轴电缆作为早期的布线介质已经逐渐被淘汰，双绞线多用在主机与集线器或交换机之间的连接，光纤则主要用于交换机之间的级联和交换机与路由之间的连接。

双绞线是一种综合布线工程中最常用的传输介质，是由两根具有绝缘保护层的铜导线组成的。它是把两根具有绝缘保护层的铜导线按照一定的规格互相缠绕(一般以逆时针缠绕)在一起而制成的一种通用配线，每一根导线在传输中辐射出来的电波会被另一根导线上发出的电波抵消，可有效降低信号干扰的程度。双绞线过去主要用于传输模拟信号，现在同样适用于数字信号的传输。

光纤(光导纤维)是一种利用光在玻璃或塑料制成的纤维中的全反射原理而工作的光传导工具。微细的光纤封装在塑料护套中，使得它能够弯曲而不至于断裂。通常，光纤一端的发射装置使用发光二极管(Light Emitting Diode，LED)或一束激光将光脉冲传送至光纤，光纤另一端的接收装置使用光敏元件检测脉冲。在日常生活中，由于光在光纤中的传导损耗比电在电线中的传导损耗低得多，因此光纤常被用于长距离的信息传递。

2. 以太网通信协议

通过传输介质，以太网采用带冲突检测的载波侦听多路访问(Carrier Sense Multiple Access with Collision Detection，CSMA/CD)技术进行数据传输。

CS：载波侦听，指在发送数据之前进行线路侦听，以确保线路空闲，减少冲突机会。

MA：多址访问，指每个站点发送的数据可以同时被多个站点接收。

CD：冲突检测，指边发送边检测，发现冲突就停止发送，然后延迟一个随机时间后继续发送。检测原理是由于两个站点同时发送信号，信号经过叠加后，会使线路上的电压波动值超过正常值一倍，据此判断冲突的发生。

CSMA/CD规定了多台电脑共享一个信道的方法，当某台电脑需要发送信息时，必须遵守以下规则：

(1) 开始：如果线路空闲，则启动传输，否则转到第(4)步。

(2) 发送：如果检测到冲突，继续发送数据直到达到最小报文时间(保证所有其他转发器和终端检测到冲突)，再转到第(4)步。

(3) 成功传输：向更高层的网络协议报告发送成功，退出传输模式。

(4) 线路忙：等待，直到线路空闲。

(5) 线路进入空闲状态：等待一个随机的时间，转到第(1)步，除非超过最大尝试次数。

(6) 超过最大尝试传输次数：向更高层的网络协议报告发送失败，退出传输模式。

3. 网络拓扑结构

网络可以依据网络拓扑学分为总线型网络、环形网络、星形网络、网状网络等，如图3.1.1所示。

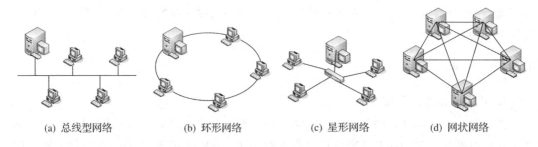

(a) 总线型网络　　　(b) 环形网络　　　(c) 星形网络　　　(d) 网状网络

图3.1.1　网络拓扑结构

1) 总线型网络

总线型网络中，总线上传输信息通常以基带形式串行传递，每个节点上的网络接口板硬件均具有收发功能,接收器负责接收总线上的串行信息并转换成并行信息后发送到 PC 工作站,发送器将并行信息转换成串行信息后发送到总线上。总线上发送信息的目的地址与某节点的接口地址相符合时,该节点的接收器便接收信息。由于各个节点之间通过电缆直接连接,所以总线型拓扑结构中所需要的电缆长度是最小的,但总线的负载能力对总线长度又有一定限制,一条总线只能连接一定数量的节点。

2) 环形网络

环形网络中,每个端用户都与两个相邻的端用户相连,因而存在着点到点链路,但信息一般是以单向方式传输的,于是便有上游端用户和下游端用户之分。环形网络有以下优点:

(1) 信息流在环形网络中是沿着固定方向流动的,两个节点之间仅有一条路径,故简化了路径选择的控制。

(2) 环路上各节点都是自举控制,故控制软件简单。

环形网络有以下缺点:

(1) 由于信息源在环路中是串行地穿过各个节点,当环路中节点过多时,会影响信息传输速率,使网络的响应时间延长。

(2) 环路是封闭的,不便于扩充。

(3) 可靠性低,一个节点出现故障,会造成全网瘫痪。

(4) 维护难,对分支节点故障定位较难。

3) 星形网络

星形结构是指各工作站以星形方式连接成网。网络有中央节点,其他节点(工作站、服务器)都与中央节点直接相连。这种结构以中央节点为中心,因此又称为集中式网络。

星形结构便于集中控制,因为端用户之间的通信必须经过中心站。这一特点给星形结构带来了易于维护和安全性高等优点,端用户设备因为故障而停机时也不会影响其他端用户之间的通信。同时,星形结构的网络延迟时间较小,系统的可靠性较高。

4) 网状网络

网状拓扑结构主要指各节点通过传输线互相连接起来,并且每一个节点至少与其他两个节点相连。网状拓扑结构具有较高的可靠性,但其结构复杂,实现起来费用较高,且不易管理和维护,因此不常用于局域网。

3.1.2　无线网络

随着网络使用者群体的迅速扩展,人们对固定于特定位置使用网络的模式产生了疑问。为提高工作效率,这些使用者要求能够在较大的区域范围内实现可移动连接网络,这只是无线网络发展的原因之一。除此之外,传统有线网络复杂的施工环节和漫长的建设周期以及诸多的技术要点对建设者和投入使用后的维护者均提出了很高的要求。另外,考虑到一些其他的因素(诸如特殊场所、特殊单位等)也要求人们在考虑有特殊需求的局域网建设方案时不能局限于有线网络的解决方案,而应该考虑无线网络解决方案的可行性。随着无线网络在技术上的飞速发展、产品种类的不断增加和产品成本的下降,无线网络已经引起广大用户的重视,无线网络以有线网络无法比拟的灵活性、可移动性和极强的可扩容性在网络应用中起着越来越重要的作用。无线网络因为没有了电缆的束缚,所以有着无需布线、安装周期短、后期维护容易、网络用户容易迁移和增加等重要的特点，这样无线网络就可在有线网络难以实现的情况下发挥其重要作用。

1. 无线网络的分类

无线网络是指以无线电波作为载体，连接不同节点而构成的网络，它包括一系列的无线通信协议，按照采用的技术和协议，以及无线连接的传输范围，可以将无线网络分为四类，如表 3.1.1 所示。

表 3.1.1　无线网络分类

无线网络名称	个域网	局域网	城域网	广域网
传输距离	约 10 m	约 100 m	约 100 km	约 30 km
应用	UWB 蓝牙 ZigBee	Wi-Fi	WiMAX	3G

1）无线个域网

WPAN(无线个域网)是为了在较小的范围内以自组织模式在用户之间建立用于互相通信的无线连接的无线通信网络技术，通信范围半径通常为 10 m 左右。WPAN 中最重要的技术当属蓝牙传输技术和红外传输技术，以及现在比较流行的 ZigBee 技术和超宽带(Ultra Wideband，UWB)技术。

2）无线局域网

WLAN(无线局域网)不使用任何导线或传输电缆连接的局域网，而使用无线电波作为数据传送的媒介，传送距离一般只有几十米。其主要技术为 Wi-Fi，遵循 IEEE 802.11 协议的一系列标准。

无线局域网通常由站点(Station)、基本服务单元(Basic Service Set，BSS)、分配系统(Distribution System，DS)、接入点(Access Point，AP)、扩展服务单元(Extended Service Set，ESS)、关口(Portal)等组成。

3）无线城域网

WMAN(无线城域网)能够覆盖一个城市或覆盖到郊区的无线通信网络，在服务区域内的用户通过基站访问互联网等上层网络。无线城域网的主要技术是微波存取全球互通(Worldwide Interoperability for Microwave Access，WiMAX)，遵循 IEEE 802.16 的一系列协议标准，传输距离可达上百千米，基站传输带宽可达 75 Mb/s。

4）无线广域网

WWAN(无线广域网)连接地理范围较大，覆盖范围可达几十千米到几百千米，其目的是为了让分布较远的各局域网互联。它的结构分为末端系统(两端的用户集合)和通信系统(中间链路)两部分，其信号传播方式主要有两种：一种是信号通过多个相邻的地面基站接力传播，另一种是信号通过通信卫星传播。当前主要的广域网包括 2G、3G 和 4G 系统。

2. 无线网络的媒介

目前无线局域网采用的传输媒介主要有两种，即微波与红外线。采用微波作为传输媒介的无线局域网根据调制方式的不同，又可分为扩展频谱方式与窄带调制方式。

1）扩展频谱方式

在扩展频谱方式中，数据基带信号的频谱被扩展至原来的几倍至几十倍再通过射频发射出去，这种方式将能量集中到一个单一的频点。这一做法虽然降低了频带带宽，却提高了通信系统的抗干扰能力和安全性。由于单位频带内的功率降低，也就减小了对其他电子设备的干扰。采用扩展频谱方式的无线局域网一般选择所谓的 ISM 频段。在实际应用中，大多数厂家选用的通用 ISM 频段是 2.4～2.4835 GHz，因为该频段无需国家无线电管理部门的许可即可使用。扩展频谱的实现方式有多种，最常用的两种是直接序列和调频序列。

2）窄带调制方式

在窄带调制方式中，数据基带信号的频谱不做任何扩展即通过射频发射出去。与扩展频谱方式相比，窄带调制方式占用频带少，频带利用率高。采用窄带调制方式的无线局域网一般选用专用频段，需要经过国家无线电管理部门的许可方可使用。当然，也可选用 ISM 频段，这样可免去向无线电管理委员会申请。但这种做法带来的问题是，当邻近的仪器设备或通信设备也在使用这一频段时，会严重影响通信质量，通信的可靠性无法得到保障。

3. Wi-Fi 介质访问协议

WLAN 采用带冲突避免的载波侦听多路访问（Carrier Sense Multiple Access with Collision Avoidance，CSMA/CA）。其工作原理是当侦听到信道空闲时，维持一段时间后，再等待一段随机的时间依然空闲时，才发送数据包。由于各个设备的等待时间是分别随机产生的，由此可以减少冲突的可能性。并且在发送数据包之前，先发送一个很小的 RTS（Request to Send）帧给目标端，等待目标端回应 CTS（Clear to Send）帧后，才开始传送。此方式可以确保接下来传送资料时，不会发生冲突。同时，由于 RTS 帧与 CTS 帧都很小，让传送的无效开销变小，相当于预约信道，提高无线传输的效率。

4. 接入设备

在无线局域网里，常见的设备有无线网卡、无线网桥、无线天线等。

1）无线网卡

无线网卡的作用类似于以太网中的网卡，作为无线局域网的接口，实现与无线局域网的连接。无线网卡根据接口类型的不同，主要分为三种类型，即 PCMCIA 无线网卡、PCI 无线网卡和 USB 无线网卡。

PCMCIA 无线网卡仅适用于笔记本电脑，支持热插拔，可以非常方便地实现移动无线接入。它适合笔记本型电脑的 PC 卡插槽，可以使用外部天线来加强 PCMCIA 无线网卡。

PCI 无线网卡适用于普通的台式计算机。其实 PCI 无线网卡只是在 PCI 转接卡上插入一块普通的 PCMCIA 卡，可以不需要电缆而使一台电脑和别的电脑进行网络通信。

USB 接口无线网卡适用于笔记本和台式机，支持热插拔。如果网卡外置有无线天线，那么，USB 接口就是一个比较好的选择。

2）无线网桥

从作用上来理解无线网桥，它可以用于连接两个或多个独立的网络段，这些独立的网络段通常位于不同的建筑内，相距几百米到几十千米。所以说它可以广泛应用于不同建筑物之间的互联。同时，根据协议的不同，无线网桥又可以分为 2.4 GHz 频段的 802.11b、

802.11g 和 802.11n 以及采用 5.8 GHz 频段的 802.11a 和 802.11n 的无线网桥。无线网桥有三种工作方式，即点对点、点对多点、中继桥接。无线网桥特别适用于城市中的远距离通信。

无线网桥通常用于室外，主要用于连接两个网络。使用无线网桥不可能只使用一个，需要两个以上，而 AP 可以单独使用。无线网桥功率大，传输距离远（最大可达约 50 km），抗干扰能力强，不自带天线，一般配备抛物面天线以实现长距离的点对点连接。

3）无线天线

无线局域网天线可以扩展无线网络的覆盖范围，把不同的办公大楼连接起来。这样，用户可以随身携带笔记本电脑在大楼之间或在房间之间移动。

当计算机与无线 AP 或其他计算机相距较远时，随着信号的减弱，传输速率明显下降，或者根本无法实现与 AP 或其他计算机之间的通信，此时，就必须借助于无线天线对所接收或发送的信号进行增益（放大）。

无线天线有多种类型，常见的有两种：一种是室内天线，优点是方便灵活，缺点是增益小，传输距离短；一种是室外天线，优点是传输距离远，比较适合远距离传输。室外天线的类型比较多，如栅栏式、平板式、抛物状等。

5. 接入方式

根据不同的应用环境，无线局域网采用的拓扑结构主要有网桥连接型、访问节点连接型、HUB 接入型和无中心型四种。

（1）网桥连接型。该结构主要用于无线或有线局域网之间的互联。当两个局域网无法实现有线连接或使用有线连接存在困难时，可使用网桥连接型实现点对点的连接。在这种结构中，局域网之间的通信是通过各自的无线网桥来实现的，无线网桥起到了网络路由选择和协议转换的作用。

（2）访问节点连接型。这种结构采用移动蜂窝通信网接入方式，各移动站点间的通信是先通过就近的无线接收站接收信号，然后将收到的信号通过有线网传入移动交换中心，再由移动交换中心传送到所有无线接收站。这时在网络覆盖范围内的任何地方都可以接收到该信号，并可实现漫游通信。

（3）HUB 接入型。在有线局域网中利用 HUB 可组建星形网络结构。同样，也可利用无线 AP 组建星形结构的无线局域网，其工作方式和有线星形结构很相似。但在无线局域网中一般要求无线 AP 应具有简单的网内交换功能。

（4）无中心型。该结构的工作原理类似于有线对等网的工作方式。它要求网中任意两个站点间均能直接进行信息交换。每个站点既是工作站，也是服务器。

3.2　OSI 七层模型

OSI 参考模型（OSI/RM）的全称是开放系统互连参考模型（Open System Interconnection Reference Model），它是由国际标准化组织 ISO 提出的一个网络系统互连模型。它是网络技术的基础，也是分析、评判各种网络技术的依据，让其有理可依，有据可循。

3.2.1　OSI 参考模型概述

OSI 参考模型把网络通信的工作分为七层，如图 3.2.1 所示。第 1 层到第 3 层被认为是低层，第 4 层到第 7 层是高层。每一层负责一项具体的工作，然后把数据传送到下一层。各层由高到低具体分为应用层（Application Layer）、表示层（Presentation Layer）、会话层（Session Layer）、传输层（Transport Layer）、网络层（Network Layer）、数据链路层（Data Link Layer）、物理层（Physical Layer）。

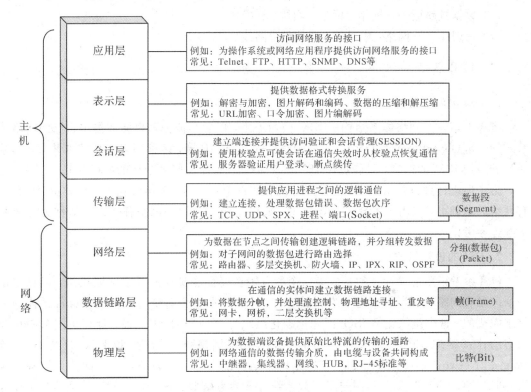

图 3.2.1　OSI 参考模型

应用层（第 7 层）：本层为操作系统或网络应用程序提供访问网络服务的接口。

表示层（第 6 层）：在此层格式化数据，以便为应用程序提供通用接口。其中可以包括加密服务。

会话层（第 5 层）：本层在两个节点之间建立端连接。此服务包括建立连接是以全双工还是以半双工的方式进行设置。

传输层（第 4 层）：常规数据递送——面向连接或无连接，它包括全双工或半双工、流控制和错误恢复服务。

网络层（第 3 层）：本层通过寻址来建立两个节点之间的连接，它包括通过互联网络来路由和中继数据。

数据链路层（第 2 层）：在此层将数据分帧，并处理流控制。本层指定拓扑结构并提供硬件寻址。

物理层（第 1 层）：原始比特流的传输电子信号和硬件接口数据发送时，从第 7 层传到第 1 层，接收方向则相反。

各层对应的典型设备如下：

（1）应用层——计算机：应用程序，如 FTP、SMTP、HTTP。

（2）表示层——计算机：编码方式，如图像编解码、URL 字段传输编码。

（3）会话层——计算机：建立会话，如 SESSION 认证、断点续传。

（4）传输层——计算机：进程和端口。

（5）网络层——网络：路由器、防火墙、多层交换机。

（6）数据链路层——网络：网卡、网桥、交换机。

（7）物理层——网络：中继器、集线器、网线、HUB。

3.2.2　OSI 基础知识

1. OSI 参考模型的提出

世界上第一个网络体系结构由 IBM 公司提出，以后其他公司也相继提出自己的网络体系结构，如 Digital 公司的 DNA、美国国防部的 TCP/IP 等，多种网络体系结构并存，其结果是若采用 IBM 的结构，只能选用 IBM 的产品，且只能与同种结构的网络互联。

为了促进计算机网络的发展，国际标准化组织 ISO 于 1977 年成立了一个委员会，在现有网络的基础上，提出了不基于具体机型、操作系统或公司的网络体系结构，称为开放系统互连参考模型。

2. OSI 的设计目的

OSI 参考模型的设计目的是成为一个所有销售商都能实现的开放网路模型，以克服使用众多私有网络模型所带来的困难和低效性。OSI 是在一个备受尊敬的国际标准团体的参与下完成的，这个组织就是 ISO（国际标准化组织）。在 OSI 出现之前，计算机网络中存在众多的体系结构，其中以 IBM 公司的 SNA（系统网络体系结构）和 DEC 公司的 DNA（Digital Network Architecture）数字网络体系结构最为著名。为了解决不同体系结构的网络互联问题，ISO 于 1981 年制定了开放系统互连参考模型。这个模型把网络通信的工作分为七层。第 1 层到第 3 层属于 OSI 参考模型的低三层，负责创建网络通信连接的链路；第 4 层到第 7 层为 OSI 参考模型的高四层，负责端到端的数据通信。每层完成一定的功能，直接为其上层提供服务，并且所有层次都互相支持，而网络通信则可以自上而下（在发送端）或者自下而上（在接收端）双向进行。当然并不是每一通信都需要经过 OSI 的全部七层，有的甚至只需要双方对应的某一层即可。物理接口之间的转接，以及中继器与中继器之间的连接只需在物理层中进行即可；而路由器与路由器之间的连接则只需经过网络层以下的三层即可。总的来说，双方的通信是在对等层次上进行的，不能在不对等层次上进行通信。

OSI 标准制定过程中采用的方法是将整个庞大而复杂的问题划分为若干个容易处理的小问题，这就是分层的体系结构办法。在 OSI 中，采用了三级抽象，即体系结构、服务定义、协议规格说明。

3. OSI 划分层次的原则

（1）网络中各节点都有相同的层次；

（2）相同层次的不同节点具有相同的功能；

（3）相邻层次的同一节点通过接口通信；

（4）每一层可以使用下层提供的服务，并为上层提供服务；

（5）不同节点的同等层间通过协议来实现对等层间的通信。

4. 协议数据单元 PDU

OSI 参考模型中，对等层协议之间交换的信息单元统称为协议数据单元（Protocol Data Unit，PDU）。

传输层及以下各层的 PDU 还有各自特定的名称：

（1）传输层——数据段（Segment）；

（2）网络层——分组（数据包）（Packet）；

（3）数据链路层——数据帧（Frame）；

（4）物理层——比特（Bit）。

3.2.3　OSI 参考模型的七层结构

1. 第 1 层：物理层

物理层并不是物理媒体本身，它只是开放系统中利用物理媒体实现物理连接的功能描述和执行连接的规程。物理层提供用于建立、保持和断开物理连接的机械的、电气的、功能的和过程的条件。简而言之，物理层提供有关同步和全双工比特流在物理媒体上的传输手段，其典型的协议有 RS232C、RS449/422/423、V.24 和 X.21、X.21bis 等。

物理层为数据端设备提供传送数据的通路。数据通路可以是一个物理媒体，也可以是多个物理媒体连接而成的一次完整的数据传输，包括激活物理连接、传送数据、终止物理连接。所谓激活，就是不管有多少物理媒体参与，都要在通信的两个数据终端设备间连接起来，形成一条通路。

物理层要形成适合数据传输需要的实体，为数据传送服务。一是要保证数据能在该层正确通过，二是要提供足够的带宽（带宽是指每秒钟内能通过的比特数），以减少信道上的拥塞。传输数据的方式能满足点到点、一点到多点、串行或并行、半双工或全双工、同步或异步传输的需要。

2. 第 2 层：数据链路层

在物理层提供比特流服务的基础上，建立相邻节点之间的数据链路，通过差错控制提供数据帧在信道上无差错地传输，并进行各链路上的动作系列。

数据链路层在不可靠的物理介质上提供可靠的传输。该层的作用包括：物理地址寻址、数据的成帧、流量控制、数据的检错、重发等。

数据链路层为网络层提供数据传送服务，这种服务要依靠本层具备的功能来实现。数据链路层应具备如下功能：链路连接的建立、拆除、分离。链路层的数据传输单元是帧，协议不同，帧的长短和界面也有差别，但无论如何必须对帧进行定界。

3. 第 3 层：网络层

在计算机网络中进行通信的两个计算机之间可能会经过很多个数据链路，也可能还要经过很多通信子网。网络层的任务就是选择合适的网间路由和交换节点，确保数据及时传送。网络层将数据链路层提供的帧组成数据包，包中封装有网络层包头，其中含有逻辑地址信息——源站点和目的站点地址的网络地址。

网络层为建立网络连接和为上层提供服务，应具备以下主要功能：路由选择和中继、激活，终止网络连接。在一条数据链路上复用多条网络连接，多采取分时复用技术、差错检测与恢复、排序、流量控制、服务选择、网络管理、网络层标准简介。

4. 第4层：传输层

传输层是两台计算机经过网络进行数据通信时，第一个端到端的层次，具有缓冲作用。当网络层服务质量不能满足要求时，它将服务加以提高，以满足高层的要求；当网络层服务质量较好时，它只用很少的工作。传输层还可进行复用，即在一个网络连接上创建多个逻辑连接。

传输层也称为运输层。传输层只存在于端开放系统中，是介于低三层通信子网系统和高三层之间的一层，是很重要的一层。因为它是从源端到目的端对数据传送进行控制的最后一层。

有一个既存事实，即世界上各种通信子网在性能上存在着很大差异。例如，电话交换网、分组交换网、公用数据交换网、局域网等通信子网都可互联，但它们提供的吞吐量、传输速率、数据延迟通信费用各不相同。对于会话层来说，却要求有一性能恒定的界面，传输层就承担了这一功能。它采用分流/合流、复用/介复用技术来调节上述通信子网的差异。

此外，传输层还要具备差错恢复、流量控制等功能，以此对会话层屏蔽通信子网在这些方面的细节与差异。传输层面对的数据对象已不是网络地址和主机地址，而是会话层的界面端口。上述功能的最终目的是为会话提供可靠的、无误的数据传输。传输层的服务一般要经历传输连接建立阶段、数据传送阶段、传输连接释放阶段三个阶段才算完成一个完整的服务过程。而数据传送阶段又分为一般数据传送和加速数据传送两种。传输层服务分为五种类型，基本可以满足对传送质量、传送速度、传送费用的各种不同需要。

5. 第5层：会话层

会话层也可以称为会晤层或对话层，在会话层及以上的高层次中，数据传送的单位不再另外命名，统称为报文。会话层不参与具体的传输，它提供包括访问验证和会话管理在内的建立和维护应用之间通信的机制。例如，服务器验证用户登录便是由会话层完成的。

会话层提供的服务可使应用建立和维持会话，并能使会话获得同步。会话层使用校验点可使通信会话在通信失效时从校验点继续恢复通信。这种能力对于传送大的文件极为重要。会话层、表示层、应用层面对应用进程提供分布处理、对话管理、信息表示、恢复最后的差错等。会话层同样要担负应用进程服务要求，而运输层不能完成的那部分工作，会话层会予以弥补。会话层的主要功能是对话管理、数据流同步和重新同步。要完成这些功能，需要由大量的服务单元功能组合，已经制定的功能单元已有几十种。

会话层标准为了使会话连接建立阶段能进行功能协商，也为了便于其他国际标准参考和引用，定义了12种功能单元。各个系统可根据自身情况和需要，以核心功能服务单元为基础，选配其他功能单元组成合理的会话服务子集。会话层的主要标准有"DIS8236：会话服务定义"和"DIS8237：会话协议规范"。

6. 第6层：表示层

表示层主要解决用户信息的语法表示问题。它将欲交换的数据从适合于某一用户的抽象语法，转换为适合于 OSI 系统内部使用的传送语法，即提供格式化的表示和转换数据服务。数据的压缩和解压缩、加密和解密等工作都由表示层负责。例如，图像格式的显示就是由位于表示层的协议来支持的。

7. 第 7 层：应用层

应用层为操作系统或网络应用程序提供访问网络服务的接口。

通过 OSI 层，信息可以从一台计算机的软件应用程序传输到另一台计算机的软件应用程序上。例如，计算机 A 上的应用程序要将信息发送到计算机 B 的应用程序，则计算机 A 中的应用程序需要将信息先发送到其应用层，然后此层将信息发送到表示层，表示层将数据传送到会话层，如此继续，直至物理层。在物理层，数据被放置在物理网络媒介中并被发送至计算机 B。计算机 B 的物理层接收来自物理媒介的数据，然后将信息向上发送至数据链路层，数据链路层再转送给网络层，依次继续直到信息到达计算机 B 的应用层。最后，计算机 B 的应用层再将信息传送给应用程序接收端，从而完成通信过程。

OSI 的七层运用各种各样的控制信息来和其他计算机系统的对应层进行通信。这些控制信息包含特殊的请求和说明，它们在对应的 OSI 层间进行交换。每一层数据的头和尾是两个携带控制信息的基本形式。

对于从上一层传送下来的数据，附加在前面的控制信息称为头，附加在后面的控制信息称为尾。然而，在对来自上一层数据增加协议头和协议尾，对一个 OSI 层来说并不是必需的。

当数据在各层间传送时，每一层都可以在数据上增加头和尾，而这些数据已经包含了上一层增加的头和尾。协议头包含了有关层与层间的通信信息。头、尾以及数据是相关联的概念，它们取决于分析信息单元的协议层。例如，传输层头包含了只有传输层可以读到的信息，传输层下面的其他层只将此头作为数据的一部分传递。对于网络层，一个信息单元由第三层的头和数据组成。对于数据链路层，经网络层向下传递的所有信息的头和数据都被看做是数据。也就是说，在给定的某一 OSI 层，信息单元的数据部分包含来自于所有上层的头和尾以及数据，这称为封装。

例如，如果计算机 A 要将应用程序中的某数据发送至计算机 B，数据首先传送至应用层。计算机 A 的应用层通过在数据上添加协议头来和计算机 B 的应用层通信。所形成的信息单元包含协议头、数据，可能还有协议尾，被发送至表示层，表示层再添加为计算机 B 的表示层所理解的控制信息的协议头。信息单元的大小随着每一层协议头和协议尾的添加而增加，这些协议头和协议尾包含了计算机 B 的对应层要使用的控制信息。在物理层，整个信息单元通过网络介质传输。

计算机 B 中的物理层收到信息单元并将其传送至数据链路层，计算机 B 中的数据链路层读取计算机 A 的数据链路层添加的协议头中的控制信息，然后去除协议头和协议尾，剩余部分被传送至网络层。每一层执行相同的动作：从对应层读取协议头和协议尾并去除，再将剩余信息发送至上一层。应用层执行完这些动作后，数据就被传送至计算机 B 中的应用程序，这些数据和计算机 A 的应用程序所发送的完全相同。

一个 OSI 层与另一层之间的通信是利用第二层提供的服务完成的。相邻层提供的服务帮助 OSI 层与另一计算机系统的对应层进行通信。一个 OSI 模型的特定层通常是与另外三个 OSI 层联系：与之直接相邻的上一层和下一层，还有目标联网计算机系统的对应层。例如，计算机 A 的数据链路层应与其网络层、物理层以及计算机 B 的数据链路层进行通信。

3.2.4　OSI参考模型分层的优点

OSI分层有以下几个优点：

（1）人们可以很容易地讨论和学习协议的规范细节；

（2）层间的标准接口方便了工程模块化；

（3）创建了一个更好的互连环境；

（4）降低了复杂度，使程序更容易修改，产品开发的速度更快；

（5）每层利用紧邻的下层服务，更容易记住各个层的功能。

OSI是一个定义良好的协议规范集，并有许多可选部分完成类似的任务。它定义了开放系统的层次结构、层次之间的相互关系以及各层所包括的可能的任务。OSI是作为一个框架来协调和组织各层所提供的服务。

OSI参考模型并没有提供一个可以实现的方法，而是描述了一些概念，用来协调进程间通信标准的制定。也就是说，OSI参考模型并不是一个标准，而是一个在制定标准时所使用的概念性框架。

3.2.5　OSI参考模型与TCP/IP模型的比较

TCP/IP模型实际上是OSI参考模型的一个浓缩版本（见表3.2.1），它只有4个层次：应用层、传输层、网际层和网络接口层。

表3.2.1　OSI参考模型与TCP/IP模型对应表

OSI七层网络模型	TCP/IP四层模型	对应网络协议
应用层	应用层	TFTP、FTP、NFS、WAIS
表示层		Telnet、Rlogin、SNMP、Gopher
会话层		SMTP、DNS
传输层	传输层	TCP、UDP
网络层	网际层	IP、ICMP、ARP、RARP、AKP、UUCP
数据链路层	网络接口层	FDDI、Ethernet、Arpanet、PDN、SLIP、PPP
物理层		IEEE 802.1A、IEEE 802.2到IEEE 802.11

1. 网络接口层

OSI参考模型的网络接口层把数据链路层和物理层放在一起，对应TCP/IP模型的网络接口层，对应的网络协议主要是Ethernet、FDDI和能传输IP数据包的任何协议。

2. 网际层

OSI参考模型的网络层对应TCP/IP模型的网际层，网络层协议管理离散的计算机间的数据传输，如IP协议为用户和远程计算机提供了信息包的传输方法，确保信息包能正确地到达目的机器。这一过程中，IP和其他网络层的协议共同用于数据传输，如果没有使用一些监视系统进程的工具，用户就看不到在系统里的IP。网络嗅探器Sniffers是能看到这些过程的一个装置（它可以是软件，也可以是硬件），它能读取通过网络发送的每一个包，即能读取发生在网络层协议的任何活动，因此网络嗅探器Sniffers会对安全造成威胁。重要的网络层协议包括 ARP(Address Resolution Protocol，地址解析协议)、ICMP(Internet Control Message Protocal，Internet 控制消息协议)和 IP(Internet Protocol，网际协议)等。

3. 传输层

OSI 参考模型的传输层对应 TCP/IP 模型的传输层。传输层提供应用程序间的通信，其功能包括格式化信息流、提供可靠传输。为实现后者，传输层协议规定接收端必须发回确认信息，如果分组丢失，则必须重新发送。传输层包括 TCP(Transmission Control Protocol，传输控制协议)和 UDP(User Datagram Protocol，用户数据报协议)，它们是传输层中最主要的协议。TCP 建立在 IP 之上，定义了网络上程序及程序的数据传输格式和规则，提供了 IP 数据包的传输确认、丢失数据包的重新请求、将收到的数据包按照它们的发送次序重新装配的机制。TCP 协议是面向连接的协议，类似于打电话，在开始传输数据之前，必须先建立明确的连接。UDP 也建立在 IP 之上，但它是一种无连接协议，两台计算机之间的传输类似于传递邮件，消息从一台计算机发送到另一台计算机，两者之间没有明确的连接。UDP 不保证数据的传输，也不提供重新排列次序或重新请求的功能，所以它具有不可靠性。虽然 UDP 的不可靠性限制了它的应用场合，但它比 TCP 具有更好的传输效率。

4. 应用层

OSI 参考模型的应用层、表示层和会话层对应 TCP/IP 模型中的应用层。应用层位于协议栈的顶端。应用层一般是可见的，如利用 FTP(文件传输协议)传输一个文件，请求和目标计算机的连接，在传输文件的过程中，用户和远程计算机交换的一部分过程是能看到的。常见的应用层协议有 HTTP、FTP、Telnet、SMTP 和 Gopher 等。应用层是网络设定最关键的一层。

3.3　现场总线技术

现场总线是指安装在制造或过程区域的现场装置与控制室内的自动装置之间的数字式、串行、多点通信的数据总线。它是一种工业数据总线，是自动化领域中的底层数据通信网络。简单地说，现场总线就是以数字通信替代了传统的 4～20 mA 模拟信号及普通开关量信号的传输，是连接智能现场设备和自动化系统的全数字、双向、多站的通信系统。现场总线主要解决工业现场的智能化仪器仪表、控制器、执行机构等现场设备间的数字通信以及这些现场控制设备和高级控制系统之间的信息传递问题。

现场总线(Field Bus)作为工厂数字通信网络的基础，沟通了生产过程现场及控制设备之间及其与更高控制管理层次之间的联系。它不仅是一个基层网络，而且还是一种开放式、新型全分布控制系统。这项以智能传感、控制、计算机、数字通信等技术为主要内容的综合技术已经在世界范围内受到关注，成为自动化技术发展的热点，并将导致自动化系统结构与设备的深刻变革。国际上许多有实力、有影响的公司都先后在不同程度上进行了现场总线技术与产品的开发。现场总线设备的工作环境处于过程设备的底层，作为工厂设备级基础通信网络(见图 3.3.1)，具有协议简单、容错能力强、安全性好、成本低的特点；具有一定的时间确定性和较高的实时性要求，还具有网络负载稳定，多数为短帧传送、信息交换频繁等特点。由于上述特点，现场总线系统从网络结构到通信技术，都具有不同于上层高速数据通信网的特色。

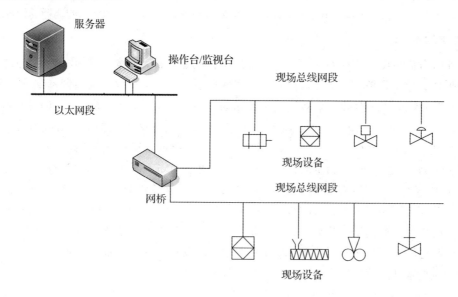

图 3.3.1　现场总线通信网络

一般把现场总线系统称为第五代控制系统，也称作 FCS。人们一般把 20 世纪 50 年代前的气动信号控制系统 PCS 称为第一代，把 4～20 mA 等电动模拟信号控制系统称为第二代，把数字计算机集中式控制系统称为第三代，而把 70 年代中期以来的集散式分布控制系统 DCS 称作第四代。现场总线控制系统 FCS 作为新一代控制系统，一方面，突破了 DCS 系统采用通信专用网络的局限，采用了基于公开化、标准化的解决方案，克服了封闭系统所造成的缺陷；另一方面，把 DCS 的集中与分散相结合的集散系统结构变成了新型全分布式结构，把控制功能彻底下放到现场。可以说，开放性、分散性与数字通信是现场总线系统最显著的特征。

3.3.1　工业以太网技术

工业以太网技术具有价格低廉、稳定可靠、通信速率高、软硬件产品丰富、应用广泛以及支持技术成熟等优点，已成为最受欢迎的通信网络之一。

1. 工业以太网概述

以太网技术最早由 Xerox 开发，后经数字设备公司（Digital Equipment Corporation）、Intel 公司联合扩展，于 1982 年公布了以太网规范。IEEE 802.3 就是以这个技术规范为基础制定的。按 ISO 开放系统互连参考模型的分层结构，以太网规范只包括通信模型中的物理层与数据链路层。而现在人们俗称中的以太网技术以及工业以太网技术，不仅包含了物理层与数据链路层的以太网规范，而且包含 TCP/IP 协议组，即包含网络层的网际互联协议 IP、传输层的传输控制协议 TCP、用户数据报协议 UDP 等。有时甚至把应用层的简单邮件传送协议 SMTP、域名服务 DNS、文件传输协议 FTP，再加上超文本链接 HTTP、动态网页发布等互联网上的应用协议都与以太网这个名词联系在一起。因此，工业以太网技术实际上是上述一系列技术的统称。

工业以太网技术源于普通以太网技术，为了促进以太网在工业领域的应用，国际上成立了工业以太网协会(Industrial Ethernet Association，IEA)、工业自动化开放网络联盟(Industrial Automation Network Alliance，IANA)等组织，目标是在世界范围内推进工业以太网技术的发展、教育和标准化管理，在工业应用领域的各个层次运用以太网。美国电气电子工程师协会(IEEE)制定的 IEEE 802.3 给出了以太网的技术标准，以太网是目前应用最广泛的局域网技术。

在 ISO/OSI 七层协议中，以太网本身只定义了物理层和数据链路层。作为一套完整的网络传输协议，必须具有高层控制协议，以太网使用了 TCP/IP 协议，其中 IP 用来确定传递路线，而 TCP 则用来保证传输的可靠性。虽然 TCP/IP 并不是专为以太网而设计的，但实际上它们现在已经不可分离了。

在现场总线协议中，为提高传输效率，一般只定义七层协议中的物理层、数据链路层和应用层。为与以太网融合，通常在数据包前加入 IP 地址，并通过 TCP 来进行数据传递。

2. 工业以太网的技术优势

(1) 采用以太网作为现场总线，就可以保证现场总线技术的可持续发展。由于以太网的广泛应用，使它的发展一直受到广泛的重视和大量的技术投入，保证了以太网技术的不断发展。10 Mb/s、100 Mb/s 的快速以太网已开始广泛应用，1 Gb/s 以太网技术也逐渐成熟，而传统的现场总线最高速率只有 12 Mb/s(如西门子 Profibus - DP)。显然，以太网的速率要比传统现场总线快得多，完全可以满足工业控制网络不断增长的带宽要求。如果工业控制领域采用以太网作为现场总线，将保证技术上的可持续发展，并在技术升级方面无需独自的研究投入。这一点是任何现有的现场总线技术无法比拟的。同时，机器人技术、智能技术的发展都要求通信网络有更高的带宽、更好的性能，通信协议有更高的灵活性。这些要求以太网都能很好地满足。

(2) 以太网受到广泛的开发技术支持。由于以太网是应用最广泛的计算机网络技术，几乎所有的编程语言都支持以太网的应用开发，如 Java、Visual C++、Visual Basic 等。这些编程语言由于广泛应用，为人们所熟悉，并受到软件开发商的高度重视，具有很好的发展前景，其性能会不断改进。因此，采用以太网作为现场总线，就可以保证有多种开发工具、开发环境可供选择。

(3) 由于以太网是应用最广泛的计算机网络技术，它也受到硬件开发商的高度重视，这使得以太网系统的设计有广泛的硬件产品可供选择。并且由于应用的广泛，其硬件价格必然十分低廉。目前以太网网卡的价格只有 PFROFIBUS、FF 等现场总线网卡的 1/10。并且随着集成电路技术的发展，其价格还会进一步下降。

(4) 由于以太网已被使用多年，以太网具有大量的软件资源，人们在以太网设计、应用方面积累了很多的经验，对以太网技术十分熟悉。实际上，许多控制系统软件就建立在以太网上。大量的软件资源和设计经验，意味着可以显著降低系统的开发和培训费用，从而降低系统的整体成本，并大大加快系统的开发和推广速度。

最重要的是，如果采用以太网作为现场总线，就可以避免现场总线技术游离于计算机网络技术的发展主流之外，使现场总线技术和计算机网络技术的主流技术很好地融合起来，形成现场总线技术和一般的计算机网络技术相互促进的局面。这将意味着可以实现自动化控制领域的彻底开放，从而打破任何垄断的企图，并使自动化领域产生新的生机和活力。

3. 工业以太网互连模型

工业以太网与 OSI 参考模型的分层比较如图 3.3.2 所示。工业以太网的物理层与数据链路层采用 IEEE 802.3 规范，网络层与传输层采用 TCP/IP 协议组，应用层的一部分可以沿用前面提到的那些互联网应用协议。这些沿用部分正是以太网的优势所在。工业以太网如果改变了这些已有的优势部分，就会削弱甚至丧失其在控制领域的生命力。因此，工业以太网标准化的工作主要集中在 ISO/OSI 模型的应用层，需要在应用层添加与自动控制相关的应用协议。

OSI参考模型	工业以太网
应用层	应用协议
表示层	
会话层	
传输层	TCP/UDP
网络层	IP
数据链路层	以太网MAC
物理层	以太网物理层

图 3.3.2　工业以太网与 OSI 参考模型的分层比较

由于历史原因，应用层必须考虑与现有的其他控制网络的连接和映射关系、网络管理、应用参数等问题，要解决自控产品之间的互操作性问题。因此，应用层标准的制定存在较大的困难，目前还没有统一的解决方案。

4. 工业以太网技术应解决的问题

1）通信实时性问题

以太网采用的 CSMA/CD 的介质访问控制方式，其本质上是非实时的。平等竞争的介质访问控制方式不能满足工业自动化领域对通信的实时性要求。因此，以太网一直被认为不适合在底层工业网络中使用，需要有针对这一问题的切实可行的解决方案。

2）对环境的适应性与可靠性问题

以太网是按办公环境设计的，将它用于工业控制环境，其鲁棒性、抗干扰能力等是许多从事自动化的专业人士所特别关心的。在产品设计时要特别注重材质、元器件的选择，使产品在强度、温度、湿度、振动、干扰、辐射等环境参数方面满足工业现场的要求。另外，还要考虑到在工业环境下的安装要求，如采用 DIN 导轨式安装等。像 RJ45 一类的连接器，在工业上应用非常容易损坏，应该采用带锁紧机构的连接件，使设备具有更好的抗振动、抗疲劳能力。

3）总线供电问题

在控制网络中，现场控制设备的位置分散性使得它们对总线有提供工作电源的要求。现有的许多控制网络技术都可利用网线对现场设备供电，工业以太网目前还没有对网络节点供电做出规定，一种可能的方案是利用现有的 5 类双绞线中另一对空闲线供电，一般在工业应用环境下，要求采用直流 10~36 V 低压供电。

4）本质安全问题

工业以太网如果要用在一些易燃易爆的危险工业场所，就必须考虑本质安全（本安）防爆问题，这是在总线供电解决之后要进一步解决的问题。

在工业数据通信与控制网络中，直接采用以太网作为控制网络的通信技术只是工业以太网发展的一个方面，现有的许多现场总线控制网络提出了与以太网结合，用以太网作为现场总线网络的高速网段，使控制网络与因特网融为一体的解决方案。例如，H1 的高速网段 HSE、EtherNet/IP、ProfiNet 等，都是工业以太网技术的典型代表。

在控制网络中采用以太网技术无疑有助于控制网络与互联网的融合，实现以太网的一网到底，使控制网络无需经过网关转换即可直接连至互联网，使测控节点有条件成为互联网中的组成部分。在控制器、PLC、测量变送器、执行器、I/O 卡等设备中嵌入以太网通信接口、TCP/IP 协议、Web Server 便可形成支持以太网、TCP/IP 协议、Web 服务器的因特网现场节点。在应用层协议尚未统一的环境下，借助 IE 等通用的网络浏览器实现对生产现场的监视与控制，进而实现远程监控，也是人们提出且正在实现的一个有效的解决方案。

5. 工业以太网非确定性问题的解决措施

通信非确定性是以太网技术进入控制领域的最大障碍。控制网络不同于普通计算机网络，其最大的特点在于它应该满足控制作用对实时性的要求。实时控制往往要求对某些变量的实时互锁、对测量控制数据的准确定时刷新。由于以太网采用带冲突检测的载波侦听多路访问的媒体访问控制方式，一条总线上挂接的多个节点采用平等竞争的方式争用总线，因此节点要求发送数据时，先侦听总线是否空闲，如果空闲就发送数据；如果总线忙就只能以某种方式继续侦听，等总线空闲后再发送数据。即便如此也还会出现由于几个节点同时发送而发生冲突的可能性，因而以太网技术难以满足控制系统要求准确定时通信的实时性要求，一直被称为非确定性（Nondeterministic）网络。以太网技术进入控制领域，其通信的非确定性是必须面对的问题。目前工业以太网技术对此采取了以下措施。

1）提高通信速率

在相同通信量的条件下，提高通信速率可以减少通信信号占用传输介质的时间，为减少信号的碰撞冲突，解决以太网通信的非确定性提供了途径。以太网的通信速率一再提高，从 10 Mb/s、100 Mb/s 到 1000 Mb/s 以太网技术都成功地得到了应用，目前其速率还在进一步提高。相对于控制网络传统通信速率的几十千位每秒、几百千位每秒、1 Mb/s、5 Mb/s 而言，通信速率的提高是明显的，对减少碰撞冲突也是有效的。

2）控制网络负荷

从另一个角度看，减轻网络负荷也可以减少信号的碰撞冲突，提高网络通信的确定性。实际上，控制网络的通信量不大，随机性、突发性通信的机会也不多，其网络通信大都可以事先预计，并对其做出相应的通信调度安排。如果在网络设计时能正确选择网络的拓扑结构，控制各网段的负荷量，合理分布各现场设备的节点位置，就可在很大程度上避免冲突的产生。研究结果表明，在网络负荷低于满负荷的 30% 时，以太网基本可以满足对控制系统通信确定性的要求。

3）采用以太网络的全双工交换技术

采用以太网交换机，将网络切分为多个网段，就为连接在其端口上的每个网络节点提供了独立的带宽，相当于每个设备独占一个网段，使同一个交换机上的不同设备之间不存在资源争夺。在网段分配合理的情况下，由于网段上的多数数据不需要经过主干网传输，因此交换机能够过滤掉这些数据，使数据只在本地网络传输，而不占用其他网段的带宽。

交换机之间通过干线进行连接，从而有效地降低了各网段和主干网络的负荷，使网络中产生冲突的可能性大大降低，提高了网络通信的确定性。

4）提供适应工业环境的元件

现已开发出一系列密封性好、坚固、抗震动的以太网设备与连接件，如导轨式收发器、集线器、交换机、带锁紧机构的接插件等。它们适合在工业环境中使用，为以太网进入工业控制环境创造了条件。

6. 工业以太网技术的发展趋势

以太网描述了物理层和数据链路层，并已成为因特网的协议。所以，许多现场总线组织也在致力于发展 IP 和以太网技术，目前，IT（Information Technology）技术已成为工业控制网络中的一部分。以太网技术的开发情况如表 3.3.1 所示。

表 3.3.1　以太网技术开发情况

现场总线协议	对应以太网服务	应　用
基金会现场总线 FF	FF HSE	FMS 与 UDP/IP 之间的映射
Modbus	Modbus TCP	Modbus 与 TCP/IP 之间的接口
ControlNet 和 DeviceNet	CIP on Ethernet	CIP 与 TCP/IP 之间的接口
Lonworks	iLon	LonTalk 与 TCP/IP 之间的接口

1）PROFInet

PROFInet 由西门子公司和 PROFIBUS 用户协会开发，是一种基于组件的分布式以太网通信系统，如图 3.3.3 所示。

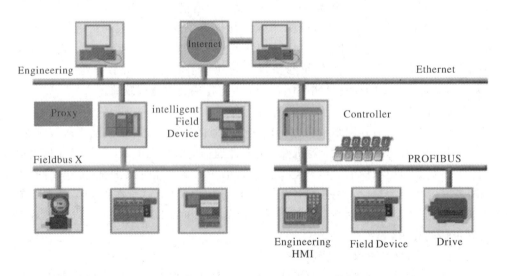

图 3.3.3　PROFInet 网络结构

PROFInet 支持开放的、面向对象的通信，这种通信建立在普遍使用的 TCP/IP 基础之上。PROFInet 没有定义其专用工业应用协议。它使用已有的 IT 标准，它的对象模式基于微软公司组件对象(COM)技术。网络上所有分布式对象之间的交互操作均使用微软公司的 DCOM 协议和标准 TCP 和 UDP 协议。

PROFInet 用于 PROFIBUS 的纵向集成，它能将现有的 PROFIBUS 网络通过代理服务器(Proxy)连接到以太网上，从而将工厂自动化和企业信息管理自动化有机地融合为一体。系统可以通过代理服务器实现与其他现场总线系统的集成。

PROFInet 通过优化的通信机制满足实时通信的要求，其基于以太网的通信有三种：基于组件的 PROFInet 1.0 系统主要用于控制器与控制器通信；PROFInet – SRT 软实时系统用于控制器与 I/O 设备通信；PROFInet – IRT 硬实时系统用于运动控制。

2) Modbus/TCP

Modbus/TCP 是由 Schneider 公司于 1999 年公布的一种以太网技术。Modbus/TCP 基本上没有对 Modbus 协议本身进行修改，只是为了满足控制网络实时性的需要，改变了数据的传输方法和通信速率。

Modbus/TCP 在应用层采用与常规的 Modbus/RTU 协议相同的登记方式，采用一种面向连接的通信方式，即每一个呼叫都要求一个应答。这种呼叫/应答的机制与 Modbus 的主/从机制相互配合，使 Modbus/TCP 交换式以太网具有很高的确定性。

Modbus/TCP 允许利用网络浏览器查看控制网络中设备的运行情况。通过在设备中嵌入 Web Server，即可将 Web 浏览器作为设备的操作终端。

Modbus/TCP 所包括的设备类型为连接到 Modbus/TCP 网络上的客户机和服务器，以及用于 Modbus/TCP 网络和串行线子网互联的网桥、路由器或网关等互联设备。

3.3.2　CAN 总线技术

CAN(Controller Area Network)是 20 世纪 80 年代德国博士公司提出的，用于控制器的局域网协议。这个协议包括信号的连线、信号的编制与传输。这种局域网多用于汽车中。1993 年 11 月，ISO 正式确认了 CAN 作为道路交通运输工具的数据信息交换、高速通信控制器局域网的国际标准 ISO11898CAN 高速应用标准，ISO11519 局域网的低速应用标准。CAN 也用于机器人和数控机床的控制系统中，也可用于过程控制。CAN 的设计独特，具有低成本、高可靠性、实时性、高抗干扰性等特点。

1. CAN 总线的通信方式

1) 基于报文的通信技术

CAN 总线采用的是一种基于报文而不是基于节点地址的通信方式，也就是说报文不是按照地址从一个节点传送到另一个节点。这就允许不同的信息以"广播"的形式发送到所有节点，并且可以在不改变信息格式的前提下对报文进行不同配置。CAN 总线上报文所包含的内容只有优先级标志区和欲传送的数据内容。所有节点都会接收到在总线上传送的报文，并在正确接收后发出应答确认。至于该报文是否要做进一步的处理或被丢弃将完全取决于接收节点本身。同一个报文可以发送给特定的节点或许多节点，设计者可以根据要求来设计相应的网络系统。

CAN 总线协议另外一个有用的特性是一个站点可以主动要求其他站点发送信息，这种特性叫做"远程终端发送请求"（RTR）。站点并不等待信息的到来，而是主动去索取。

例如，汽车的中央安全系统会频繁地更新一些像安全气袋等关键传感器的信息，但是有些信息如油压传感器或电池电压传感器的信息系统可能不会经常收到。为了确保了解这些设备是否工作正常，系统必须定期地要求此类设备发送相关的信息以便检查整个系统的工作情况。设计人员就可以利用这种"远程终端发送请求"特性来减少网络的数据通信量，同时维持整个系统的完整性。基于报文的这种协议的另外一个好处是新的站点可以随时加入现有的系统中，而不需对所有站点进行重新编程以便它们能识别这一新站点。一旦新站点加入网络中，它就开始接收信息，判别信息标识，然后决定是否作处理或直接丢弃。

CAN 总线定义了四种报文用于总线通信，第一种称为"数据帧"；第二种称为"远程帧"，用于一个站点主动要求其他站点发送信息；另外两种用于差错处理，分别叫做"出错帧"和"超载帧"。如果站点在接收过程中检测到任意在 CAN 总线协议中定义了的错误信息，它就发送一个出错帧；当一个站点正忙于处理接收的信息，需要额外的等待时间接收下一报文时，可以发送超载帧，通知其他站点暂缓发送新报文。

2）高速且具备复杂的错误检测和恢复能力的高可靠通信技术

CAN 总线协议有一套完整的差错定义，能够自动地检测出这些错误信息，由此保证了被传信息的正确性和完整性。CAN 总线上的每个节点具有检测多种通信差错信息的能力并采取相关的应对措施：发送错误可通过"CRC 出错"检测到；普通接收错误可通过"应答出错"检测到；CAN 报文格式错误可通过"格式出错"检测到；CAN 总线信号错误可通过"位出错"检测到；同步和定时错误可通过"阻塞出错"检测到。每个 CAN 总线上的节点都有一个出错计数器用以记录各种错误发生的次数。通过这些计数器可以判别出错的严重性，确认这些节点是否应工作在降级模式；总线上的节点可以从正常工作模式（正常收发数据和出错信息）降级到消极工作模式（只有在总线空闲时才能取得控制权），或者到关断模式（和总线隔离）。CAN 总线上各节点还有能力监测是短期的干扰还是永久性的故障，并采取相关的应对措施，这种特性被称为"故障界定隔离"。采取了这种故障界定隔离措施后故障节点将会被及时关断，不会永久占用总线。这一点对关键信息能在总线上畅通无阻地传送是非常重要的。

2. CAN 总线的技术特点

CAN 属于总线式串行通信网络，由于其采用了许多新技术及独特的设计，与一般的通信总线相比，CAN 总线的数据通信具有可靠性高、实时性和灵活性强等优点，具体概括如下：

（1）CAN 为多主工作方式，网络上任意节点均可在任意时刻主动向网络上其他节点发送信息，而不分主从，通信方式灵活，且无需节点地址等节点信息。利用这一特点可方便构成多机备份系统。

（2）CAN 的节点信息分为不同的优先级，可满足不同的实时要求，高优先级的数据最多可在 134 μs 内得到传输。

（3）CAN 采用非破坏性的总线仲裁技术，当多个节点同时向总线发送信息时，优先级较低的节点会主动退出发送，而优先级较高的节点可不受影响地继续传输数据，从而大大节省了总线冲突仲裁的时间。

（4）CAN 通过报文滤波即可实现点对点、一点对多点及全局广播等几种方式传送和接收数据，无需专门的"调度"。

（5）CAN 的一个节点可以主动要求其他节点发送信息，这种特性叫做"远程终端发送请求"（RTR）。

（6）CAN 的直线通信距离最长可达 10 km（速率为 5 kb/s 以下），通信速率最高可达 1 Mb/s（此时通信距离最长为 40 m）。

（7）CAN 上的节点数主要取决于总线驱动电路，目前可达 110 个；报文标识符可达 2032 种（CAN2.0A），而扩展标准（CAN2.0B）的报文标识符几乎不受限制。

（8）采用短帧结构，传输时间短，受干扰概率低，具有良好的检错效果。

（9）CAN 的每帧信息都有 CRC 校验及其他检错措施，保证了数据出错率极低。

（10）CAN 的通信介质可为双绞线、同轴电缆或光纤，选择灵活。

（11）CAN 节点在错误严重的情况下具有自动关闭输出的功能，以使总线上其他节点的操作不受影响。

3. CAN 总线的系统构成

CAN 总线是一种串行多主站控制器局域网总线，也是一种有效支持分布式控制或实时控制的串行通信网络。CAN 总线的通信介质可以是双绞线、同轴电缆或光导纤维。

1）CAN 总线的系统组成

CAN 在硬件成本上具有很大的优势，从硬件芯片上来说，智能节点要收发信息需要一个 CAN 控制器和一个 CAN 收发器。经过 20 多年的发展，CAN 已经获得了国际上各大半导体制造商的大力支持，据 CAN 最主要的推广组织 CIA（自动化 CAN）统计，目前已经有 20 余种 CAN 控制器和收发器可供选择，片内集成 CAN 控制器的单片机更是多达 100 余种。CAN 在开发成本上的优势也很明显。目前，从广泛应用的 8 bit、16 bit 单片机，到 DSP 和 32 bit 的 PowerPC、ARM 等嵌入式处理器，均在芯片内部含有 CAN 总线硬件接口单元。因此，从硬件角度来看，CAN 具备其他现场总线无法比拟的高集成化优势和广泛的市场支持基础。CAN 总线的开发平台也比较简单，用户如果选择普通单片机加上 CAN 控制器进行开发，则 CAN 的开发平台和普通单片机的开发平台完全相同。如果选择带有片内 CAN 控制器的单片机进行开发，则只需换用支持该单片机的仿真器就可以了，其他开发设备完全相同。开发 CAN 也需要相应的驱动程序。用户可以自行根据选择的 CAN 控制器开发驱动程序。

典型的 CAN 总线结构如图 3.3.4 所示，其中使用微处理器负责 CAN 总线数据处理，完成收发启动等特定功能。CAN 控制器（如 SJA1000）扮演实现网络协议的角色，它提供了微处理器的物理线路的接口，进行数据的发送和接收。CAN 总线驱动器（PCA82C250）提供了 CAN 控制器与物理总线之间的接口，实现对 CAN 总线的差动发送和接收功能，是影响系统网络性能的关键因素之一。

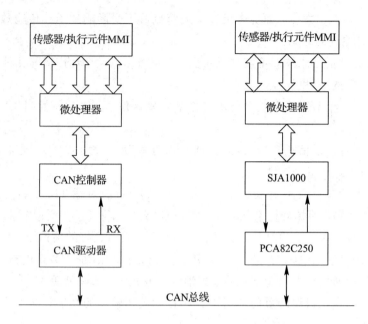

图 3.3.4　CAN 总线系统构成示意图

2）CAN 总线的拓扑结构

CAN 总线是一种分布式的控制总线，总线上的每一个节点一般来说都比较简单，CAN 总线将各节点连接只需要较少的线缆，可靠性也较高。

ISO11898 定义了一个总线结构的拓扑，采用干线和支线的连接方式。干线的两个终端接一个 120 Ω 的终端电阻；节点通过没有端接电阻的支线连接到总线，CAN 总线网络结构如图 3.3.5 所示。

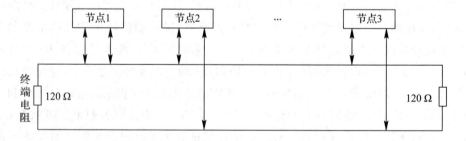

图 3.3.5　CAN 总线网络结构示意图

在实际应用中，可通过 CAN 中继器将分支网络连接到干线网络上，每条分支网络都符合 ISO11898 标准，这样可以扩大 CAN 总线通信距离，增加 CAN 总线工作节点的数量，如图 3.3.6 所示。

3）CAN 总线的通信距离

ISO111898 规定了 CAN 总线的干线与支线的参数（见表 3.3.2）。CAN 总线最大通信距离与其位速率有关（见表 3.3.3）。

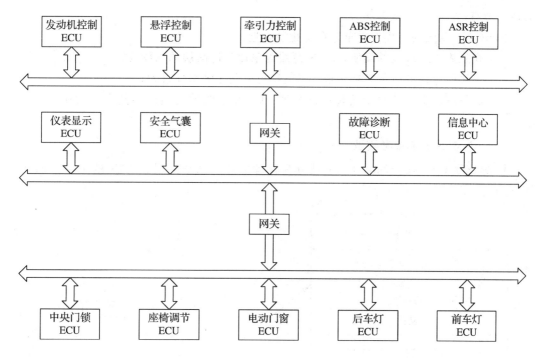

图 3.3.6　CAN 总线扩展网络示意图

表 3.3.2　CAN 总线的干线与支线的参数

CAN 总线位速率	总线长度	支线长度	节点距离
1 Mb/s	最大 40 m	最大 0.3 m	最大 40 m
5 kb/s	最大 10 km	最小 6 m	最小 10 km

表 3.3.3　CAN 总线最大通信距离与其位速率关系

位速率/(kb/s)	5	10	20	50	100	125	250	500	1000
最大有效距离/m	10 000	6700	3300	1300	620	530	270	130	40

4）CAN 总线的传输介质

CAN 总线可使用多种传输介质，常用的如双绞线、同轴电缆、光纤等，同一段线网络要采用相同的传输介质。基于双绞线的 CAN 总线分布系统已得到广泛应用，其主要特点如下：

（1）双绞线采用抗干扰的差分信号传输方式；

（2）技术上易实现、造价低；

（3）对环境电磁辐射有一定抑制能力；

（4）使用非屏蔽双绞线时，只需要 2 根线缆作为差分信号线传输；

（5）使用屏蔽双绞线时，除需要 2 根差分信号线的连接以外，还要注意在同一网络段中自屏蔽层单点接地问题。

在使用双绞线搭建 CAN 总线网络时，应注意以下问题：

（1）干线两端必须各有一个约 120 Ω 的终端电阻；

（2）支线必须尽可能地短，必要时可以采用"手拉手"的连接方案，即干线尽可能地接近每个节点；

（3）CAN 总线网络线不要布置在干扰源附近；

（4）在外界干扰较大的场所，CAN 总线可采用带屏蔽层的双绞线；

（5）使用的电缆的电阻必须足够小，以避免线路压降增加过大；

（6）波特率的选择取决于传输线的延时，CAN 总线的通信距离随着波特率的减小而增加。

4．CAN 总线通信参考模型

根据 ISO/OSI 参考模型，CAN 被分为物理层和数据链路层。CAN 的 ISO/OSI 参考模型的层结构如图 3.3.7 所示。

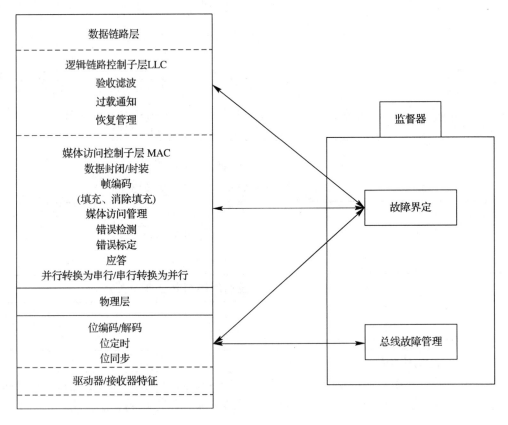

图 3.3.7　CAN 的 ISO/OSI 参考模型的层结构

CAN 的 ISO/OSI 参考模型层结构的具体说明如下：

物理层定义信号的实际传输方式，涉及位编码解码、位定时和位同步等，在同一网络内，要实现不同节点间的数据通信，所有节点的物理层必须一致，CAN2.0 技术规范没有定义物理层的驱动器/接收器特征，以便允许根据它们的应用，对发送媒体和信号电平进行优化。

数据链路层包含媒体访问（MAC）和逻辑链路控制（LLC）两个子层。MAC 子层是CAN 协议的核心。它把接收到的报文提供给 LLC 子层，并接收来自 LLC 子层的报文。MAC 子层主要规定了传输规则，即负责控制帧的结构、执行仲裁、应答错误检测、错误标定以及故障界定等何时发送新报文以及何时开始接收报文，另外位定时也由 MAC 子层的一部分来确定。LLC 子层涉及验收滤波、过载通知以及恢复管理。

5. CAN 总线报文的传送

在进行数据传送时，发出报文的节点为该报文的发送器，该节点在总线空闲或丢失仲裁前恒为发送器。如果一个节点不是报文的发送器，并且总线不处于空闲状态，则该节点为接收器。对于报文的接收器和发送器，报文的实际有效时刻是不同的。对于发送器而言，如果直到结束末尾一直未出错，则对于发送器报文才有效。

构成一帧的帧起始、仲裁场、控制场、数据场和 CRC 序列均借助位填充规则进行编码。当发送器在发送的位流中检测到 5 bit 连续的相同数值时，将自动在实际发送的位流中插入一个补码位。而数据帧和远程帧的其余位场则采用固定格式，不进行填充，出错帧和超载帧同样是固定格式。报文中的位流是按照非归零(NZR)码方法编码的，这意味着一个完整的位电平要么是显性，要么是隐性。在隐性状态下，CAN 总线的 V_{CANH} 和 V_{CANL} 被固定于平均电压电平，V_{diff} 近似为零。而在显性状态下，V_{diff} 为大于阈值的差分电压。

CAN 协议定义了两种逻辑状态位，且约定逻辑 0 为显位，逻辑 1 为隐位。显位在与隐位争夺总线的过程中将获胜，也就是如果有多个站点在发送信号，只要一个站点发送了显位，总线就表现为显位。站点在发送的同时也对总线进行检测，以判断总线状态是否与刚刚发出的信息相对应。在总线仲裁过程中，一个优先级较低的报文在某一时刻会发送一个隐位，但检测的结果却是显位，此时该站点被仲裁为发送权取消，它立刻停止发送报文的工作。优先级较高的报文则继续发送。在冲突仲裁中被取消发送权的站点将等待总线的下一个空闲期，并自动再次尝试发送。在显性位期间，显性状态改写隐性状态并发送。

6. CAN 总线报文的帧结构

CAN 总线报文有以下四种帧类型：

(1) 数据帧：数据帧将数据从发送器传输到接收器。

(2) 远程帧：总线节点发出远程帧，请求发送具有同一识别符的数据帧。

(3) 错误帧：任何节点检测到总线错误就发出错误帧。

(4) 超载帧：超载帧用以在先行的和后续的数据帧(或远程帧)之间提供一附加的延时。

CAN 总线的帧结构(适用 CAN 协议的 1.2 版和 2.0 版)如下：

(1) CANI.2 定义的报文为标准格式。

(2) CAN2.0A 定义的报文为标准格式。

(3) CAN2.0B 定义了标准和扩展的两种报文格式，只有数据帧和远程帧可以使用标准和扩展帧两种格式，其主要区别在于标识符的长度，具有 11 bit 标识符的帧称为标准帧，而包括 29 bit 标识符的帧称为扩展帧。

1) 数据帧

数据帧由 7 个不同的位场组成，即帧起始(Start of Frame)、仲裁场(Arbitration Frame)、控制场(Control Frame)、数据场(Data Frame)、CRC 场(CRC Frame)、应答场(ACK Frame)和帧结束(End of Frame)。数据场的长度可以为 0。报文的数据帧一般结构如图 3.3.8 所示。

(1) 帧起始。帧起始标志数据帧和远程帧的起始，仅由一个"显性"位组成。只有在总线闲时才允许节点开始发送信号。所有节点必须同步于首先开始发送报文的节点的帧起始前沿，如图 3.3.9 所示。

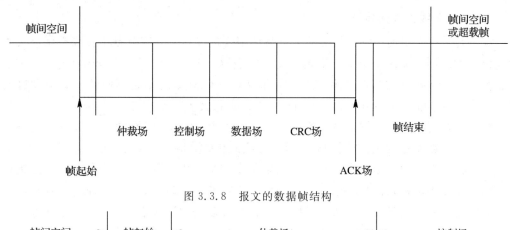

图 3.3.8 报文的数据帧结构

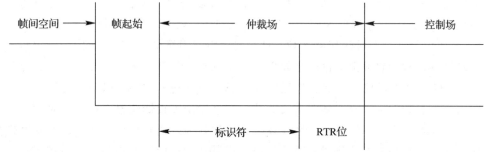

图 3.3.9 CAN 的帧起始

（2）仲裁场。标准帧的仲裁场由 11 bit ID（标识符）和 RTR 位（远程发送请求位）组成，如图 3.3.10 所示。11 bit 标识符按 ID. 10 到 ID. 0 的顺序发送，RTR 位在数据帧中为显性，在远程帧中为隐性。

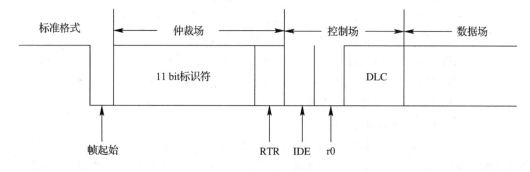

图 3.3.10 CAN 标准格式的仲裁场与控制场

扩展帧的仲裁场由 11 bit 基本 ID、SRR 位（替代远程请求位）、IDE 位（标识符扩展位）、18 bit 扩展 ID 和 RTR 位组成，如图 3.3.11 所示。扩展帧的 ID 如同标准帧的标识符。其 SRR 是一隐性位，它在相当于标准帧的 RTR 位上被发送，并代替标准帧的 RTR 位。这样，标准帧与扩展帧的冲突通过标准帧优先于扩展帧这一途径得以解决。对于 IDE，在扩展格式中它属于仲裁场，为隐性，在标准格式中它属于控制场，为显性。因此，通过 SRR 和 IDE 位共同确定是标准帧还是扩展帧，并通过 RTR 位确定是否为远程帧。

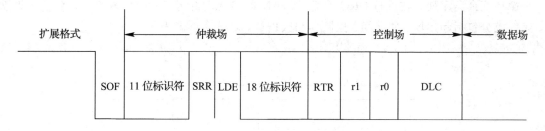

图 3.3.11 CAN 扩展格式的仲裁场与控制场

（3）控制场。控制场由 6 个位组成，如图 3.3.12 所示。标准格式的控制场由 IDE 位、保留位 r0 和 DLC（数据长度码）组成，扩展格式里是 r1 和 r0 两个保留位。其保留位发送必须为显性，但接收器对显性和隐性都认可。

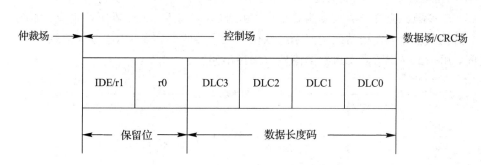

图 3.3.12 CAN 控制场的结构

DLC 指示数据场里的字节数量，其对应关系见表 3.3.4。其中，d 表示显性，r 表示隐性，数据字节数的范围为 0～8，其他值不允许使用。

表 3.3.4 数据长度码 DLC 与数据字节数的关系

数据字节的数目	数据长度代码			
	DLC3	DLC2	DLC1	DLC0
0	d	d	d	d
1	d	d	d	r
2	d	d	r	d
3	d	d	r	r
4	d	r	d	d
5	d	r	d	r
6	d	r	r	d
7	d	r	r	r
8	r	d	d	d

（4）数据场。数据场由数据帧里的发送数据组成。它可以为 0～8 B，每个字节包含了 8 个位，首先送最高有效位。

（5）CRC 场。CRC 场包括 CRC 序列和 CRC 界定符，如图 3.3.13 所示。CRC 序列就

是循环冗余码序列。在进行 CRC 计算时，被除的多项式由无填充的位流给定，组成这些位流的成分包括起始场、仲裁场、控制场和数据场，除数多项式为

$$x^{15} + x^{14} + x^{10} + x^8 + x^7 + x^4 + x^3 + 1 \tag{3-1}$$

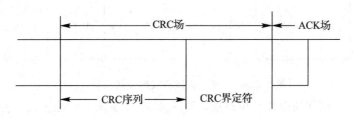

图 3.3.13　CAN CRC 场的结构

CRC 界定符是一个单独的隐性位。

（6）应答场。应答场的长度为 2 个位，由 ACK 间隙和 ACK 界定符组成，如图 3.3.14 所示。在应答场里，发送站发送两个隐性位。所有接收到匹配 CRC 序列的站，在 ACK 间隙期间，用一显性位写入发送器的隐性位来做出回答。

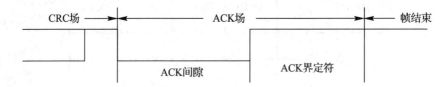

图 3.3.14　CAN 应答场的结构

ACK 界定符是一个隐性位。ACK 间隙被 CRC 界定符和 ACK 界定符这两个隐性位所包围。

（7）帧结束。每一个数据帧和远程帧均由一标志序列界定，该标志序列由 7 个隐性位组成。

2）远程帧

作为接收器的站点，可以通过向相应的数据源站点发送远程帧激活该源站点，让该源站把数据发送给接收器。远程帧由 6 个位场组成，即帧起始、仲裁场、控制场、CRC 场、应答场、帧结束，如图 3.3.15 所示。

图 3.3.15　CAN 远程帧结构

与数据帧不同之处在于，远程帧的 RTR 位是隐位，没有数据场，数据长度码的值可以是请求的数据的长度值。

3）错误帧

错误帧由错误标志叠加场和错误帧界定符组成，如图 3.3.16 所示。

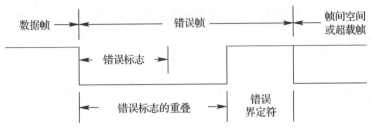

图 3.3.16　CAN 错误帧结构

错误标志分为"错误激活"标志和"错误认可"标志。"错误激活"标志由 6 个连续的显位组成，"错误认可"标志由 6 个连续的隐位组成。"错误激活"标志由"错误激活"站点（出错较少的站点）发出，"错误认可"标志由"错误认可"站点（出错较多的站点）发出。检测到出错条件的"错误激活"站点发送"错误激活"标志来指示错误，该标志的格式破坏了从帧起始场到 CRC 界定符的位填充规则，或者破坏了应答场或帧结束场的固定格式，因此，其他站点将检测到错误条件并发送错误标志。这样，在总线上被监视到的显位序列是由各个站点单独发送的错误标志叠加而形成的，该序列的长度为 6～12 bit。

检测到错误条件的站点在发送完错误标志以后，就向总线发送隐位并监测总线，直到检测到 1 个隐位为止，然后它继续向总线发送 7 个隐位，这 8 个隐位称为错误界定符。检测到出错条件的站点，从检测到第 1 个隐位开始，检测到连续的 6 个隐位时，就对本次出错进行了判断。

4）超载帧

有两种超载条件引发超载帧的发送，其一是接收器内部对于下一数据帧或远程帧需要一定延时，其二是在间歇场中检测到显性位。前者引发的超载帧将在下一预期间歇场的第 1 个位上发送，而后者引发的超载帧在检测到显性位之后立即发送。

超载帧包括超载标志场和超载界定符，如图 3.3.17 所示。

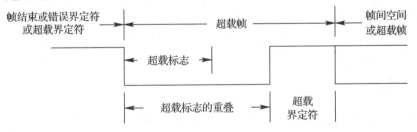

图 3.3.17　CAN 超载帧结构

超载帧与错误帧的形式相同。超载标志由 6 个显性位组成，其格式破坏了间歇场的固定格式，因此，所有其他站点都检测到超载条件并发出超载标志。发完超载标志后，站点就直接发送隐性位并监视总线，直到检测到 1 个隐性位，然后它继续向总线发送 7 个隐性位，这 8 个隐性位称为超载界定符。

5）帧间空间

无论先行帧是何种类型，数据帧或远程帧与先行帧都通过帧间空间来分开。超载帧与错误帧之前没有帧间空间，多个超载帧之间也可没有帧间空间。

普通的帧间空间由间歇场和总线空闲场组成，如图 3.3.18 所示。间歇场为 3 个隐性位。其实现方法是，数据帧或远程帧在检测到帧结束场后，在发送数据之前，要等待 3 个位时间。在间歇场，所有站点均不允许发送数据帧或远程帧，如果哪个站点发送了，就会被其他的端点指出。总线空闲场的时间是任意的，在此期间，所有等待发送报文的站就会访问总线，在总线空闲场上检测到的显性位被解释为帧起始场。

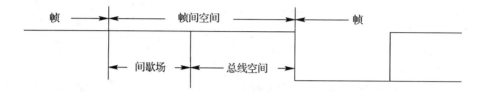

图 3.3.18　CAN 普通的帧间空间

如果某发送器为"错误认可"站点，则其帧空间在间歇场和总线空闲场之间还要插入一个暂停发送场，如图 3.3.19 所示。暂停发送场是 8 个隐性位。

图 3.3.19　CAN"错误认可"站点发送前的帧间空间

7. CAN 总线报文的编码、滤波和校验

1）报文编码

编码即位流编码（Bit Stream Coding），它的规定如下：

（1）帧的帧起始、仲裁场、控制场、数据场以及 CRC 序列均通过位填充的方法编码。无论何时，发送器只要检测到位流里有 5 个连续相同值的位，便自动在位流里插入补充位。

（2）数据帧或远程帧（CRC 界定符、应答场和帧结束）的剩余位场形式固定，不填充。错误帧和过载帧的形式也固定，但并不通过位填充的方法进行编码。

（3）报文里的位流根据"不归零"（NRZ）的方法来编码，即在整个位时间里，位的电平要么为"显性"，要么为"隐性"。

2）报文滤波

报文滤波取决于整个识别符。为了实现报文滤波的灵活控制，通过初始化验收屏蔽寄存器，允许在报文滤波中将任何识别符位设置为"不考虑"位。

在使用屏蔽寄存器时，它的每一个位都是可编程的，即它们能够被设置成允许或禁止报文滤波。屏蔽寄存器的长度可以包含整个识别符，也可以包含部分识别符。

3）报文校验

校验报文有效的时间点，对发送器（Transmitter）与接收器（Receiver）来说各不相同。

如果直到帧的末尾位均没有错误，则报文对于发送器有效。如果报文出错，则报文根据优先权自动重发。为了能够和其他报文竞争总线，重新传输必须在总线空闲时启动。

如果直到最后的位（除了帧末尾）均没有错误，则报文对于接收器有效。帧末尾最后的位被置于"不重要"状态，如果是一个"显性"电平也不会引起格式错误。

8. CAN 总线报文的优先级确定问题

1) CAN 总线的仲裁过程

CAN 总线上的节点没有主从之分，所有的节点级别都一样，属于多主掌控方式，都可以作为发送节点，也可以作为接收节点，只要总线空闲，有数据要发送的节点就会往总线上发送数据，在发送数据时，发送节点并不会指定由哪个节点接收，而是由接收节点过滤选择是否接收该数据。

如果两个或多个节点同时发送数据，如何进行冲突仲裁？支配位一定会在和顺从位的判别过程中获胜，也就是说，报文标记区（报文仲裁专用区域）的值越小，其优先级就越高。

假定有两个节点在同一时刻发送一个报文，每个节点都会监测总线以便了解欲发送的信息状态是否确实出现在总线上。一个优先级较低的报文在某一时刻会发送一个"顺从位1"，但是检测的结果却是"支配位"。此时，这个节点被仲裁为发送权取消，立刻停止发送报文的工作。优先级较高的报文继续发送直到完整的报文发送完毕。在刚才冲突仲裁中被取消发送权的节点将等待总线的下一个空闲期并自动地再次尝试发送。举个例子，如果两个节点同时发送如下数据：

节点 1：00000001111101110111011101111111⋯

节点 2：00000001111010101111101001010⋯

发送到第 8 位时，节点 2 判断出其他节点在发送高优先级的报文，节点 2 自动停止发送，等待总线空闲。

通过以上的逐位仲裁方法来使有最高优先权的报文优先发送，在 CAN 总线报文的帧结构中，发送的每一条报文都具有唯一的一个 11 bit（标准帧）或 29 bit（扩展帧）数字的 ID。ID 号越小，则该报文拥有的优先权越高。因此，一个为全 0 标识符的报文具有总线上的最高级优先权。

在总线空闲时，最先开始发送消息的节点获得发送权，多个节点同时发送时，各发送节点从仲裁段的第一位开始进行仲裁，连续输出显性电平最多的节点可继续发送。

如图 3.3.20 所示，A、B、C、D 四个节点在不同的时刻分别往总线上发送 ID 为 5、7、4、6 的消息。请画出消息在总线上出现的顺序（假设每帧报文的传输时间占 3 格）。

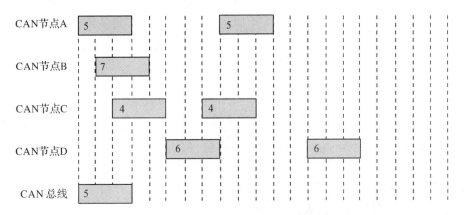

图 3.3.20　CAN 总线发送 ID 示意图

2）数据帧和远程帧的优先级

对于 CAN 技术规范，标准帧的标识符的长度为 11 bit（扩展帧为 29 bit），这些位按照从高位到低位的顺序发送，最低位为 ID.0。第 12 bit（扩展帧为第 30 bit，即 RTR 位）在数据帧中必须为显性，而在远程帧中必须为隐性。具有相同 ID 的数据帧和远程帧在总线上竞争时，仲裁段的最后一位（RTR）为显性位的数据帧具有优先权，可继续发送，而远程帧对应位为隐性位，优先级低。

3）标准格式和扩展格式的优先级

以具有相同 ID 的两种格式的数据帧和远程帧为例，优先级从高到低分别为标准格式的数据帧、标准格式的远程帧、扩展格式的数据帧、扩展格式的远程帧。扩展格式的数据帧和远程帧在总线上竞争时，如果其他节点同时发送标准格式的数据帧，在发送到第 12 bit（RTR 位）时，标准格式的数据帧为对应显性位，具有优先权，可继续发送，而扩展帧的第 12 bit 均为隐性位，但到第 13 bit（IDE 位）时，标准格式的远程帧为显性位，具有优先权，可继续发送，而扩展格式的数据帧或远程帧的第 13 bit（IDE 位）为隐性位，优先级低。

9. CAN 总线错误处理

1）错误类型

CAN 总线共有以下五种不同的错误类型（这五种错误不会相互排斥）。

（1）位错误（Bit Error）。节点在发送位的同时也对总线进行监视。如果所发送的位值与所监视的位值不相符，则在此位时间里检测到一个位错误。但是在仲裁场的填充位流期间或应答间隙（ACK Slot）发送一个"隐性"位的情况是例外的。此时，当监视到一个"显性"位时，不会发出位错误。当发送器发送一个"认可错误"标志但检测到"显性"位时，也不视为位错误。

（2）填充错误（Stuff Error）。如果在使用位填充法进行编码的信息中，出现了 6 个连续相同的位电平时，将检测到一个填充错误。

（3）CRC 错误（CRC Error）。CRC 序列包括发送器的 CRC 计算结果。接收器计算 CRC 的方法与发送器相同。如果计算结果与接收到 CRC 序列的结果不相符，则检测到一个 CRC 错误。

（4）格式错误（Form Error）。当一个固定形式的位场含有 1 个或多个非法位，则检测到一个格式错误（接收器的帧末尾最后一位期间的显性位不被当做帧错误）。

（5）应答错误（Acknowledgment Error）。只要在应答间隙期间所监视的位不为"显性"，则发送器会检测到一个应答错误。

2）错误标志

检测到错误条件的节点通过发送错误标志指示错误。对于"错误激活"的节点，错误信息为"激活错误"标志；对于"错误认可"的节点，错误信息为"认可错误"标志。节点检测到的无论是位错误、填充错误、格式错误还是应答错误，这个节点都会在下一位时发出错误标志信息。

只要检测到的错误的条件是 CRC 错误，错误标志的发送就开始于 ACK 界定符之后的位（除非其他错误条件引起的错误标志已经开始）。

10. CAN 总线故障界定

CAN 总线出错的原因可能是总线扰动，也可能是节点出现不可恢复的故障，在 CAN

总线技术规范中详细定义了用于故障界定的故障状态及转换规则。

1）故障界定方法

（1）CAN 的三种故障状态。一个 CAN 总线节点出错后可能处于以下三种状态中的一种，包括错误激活状态、错误认可状态和总线关闭状态。

① 错误激活（Error Active）。"错误激活"的节点可以正常地参与总线通信，并在错误被检测到时发出"激活错误"标志。一些教材也将其译为"主动错误状态"。

② 错误认可（Error Passive）。"错误认可"的节点不允许发送"激活错误"标志。当"错误认可"节点参与总线通信时，在错误被检测到时只发出"认可错误"标志。而且，发送之后，"错误认可"节点将在启动下一个发送之前处于等待状态。一些教材也将其译为"被动错误状态"。

③ 总线关闭（Bus Off）。"总线关闭"的节点不允许对总线产生任何影响（如关闭输出驱动器）。

（2）CAN 的两种故障计数器。在每一总线节点使用两种计数器以便故障界定，包括发送错误计数器和接收错误计数器。

2）错误计数规则

故障计数器按以下规则改变（在给定的报文发送期间，可能要用到的规则只一个）：

（1）当接收器检测到一个错误时，接收错误计数器值就加 1。在发送"认可错误"标志或过载标志期间，所检测到的错误为位错误时，接收错误计数器值不加 1。

（2）当错误标志发送以后，接收器检测到的第一个位为"显性"时，接收错误计数器值加 8。

（3）当发送器发送一个错误标志时，发送错误计数器值加 8。在以下例外情况发生时，发送错误计数器值不改变。

例外情况 1：发送器为"错误认可"，并检测到应答错误（在应答错误中检测不到显性位）而且在发送"认可错误"标志时也检测不到"显性"位。

例外情况 2：发送器由于在仲裁期间发生填充错误，此填充位应该为隐性位，但却检测出显性位，发送器送出错误标志。

（4）发送"激活错误"标志或过载标志时，如果发送器检测到位错误，则发送错误计数器值加 8。

（5）发送"激活错误"标志或过载标志时，如果接收器检测到位错误，则接收错误计数器值加 8。

（6）在发送"激活错误"标志、"认可错误"标志或过载标志以后，任何节点最多容许 7个连续的"显性"位。在以下三种情况，每一发送器将它们的发送错误计数值加 8，同时接收器的接收错误计数值加 8。

① 当检测到第 14 个连续的"显性"位后；

② 在检测到第 8 个连续的"显性"位跟随在"认可错误"标志后；

③ 在每一个附加的 8 个连续"显性"位序列后。

（7）报文成功传送后（得到 ACK 及直到帧末尾结束没有错误），发送错误计数器值减 1，除非已经是 0。

（8）报文成功接收后（直到应答间隙接收没有错误，并成功地发送了 ACK 位），如果接收错误计数器值介于1~127之间，接收错误计数器值减1；如果接收错误计数器值是0，则它保持0；如果接收错误计数器值大于127，则它会设置一个介于119~127之间的值。

（9）当发送错误计数器值等于或超过128时，或当接收错误计数器值等于或超过128时，节点为"错误认可"。

（10）当发送错误计数器值大于或等于256时，节点为"总线关闭"。

（11）当发送错误计数器值和接收错误计数器值都小于或等于127时，"错误认可"节点重新变为"错误激活"节点。

（12）在总线监视到第128次出现11个连续"隐性"位之后，"总线关闭"的节点可以变成"错误激活"节点，它的两个错误计数值也被置为0。

11. CAN 总线的位定时

1）标称位速率

标称位速率为一理想的发送器在没有重新同步的情况下每秒发送的位数量。

2）标称位时间

标称位时间的表达式为：标称位时间＝1/标称位速率。

可以把标称位时间划分成几个不重叠时间的片段，它们是同步段（Sync－Seg）、传播段（Prop－Seg）、相位缓冲段1（Phase－Seg 1）、相位缓冲段2（Phase－Seg 2），如图3.3.21所示。

图 3.3.21　CAN 标称位时间的划分

（1）同步段。位时间的同步段用于同步总线上不同的节点。这一段内要有一个跳变沿。

（2）传播段。传播段用于补偿网络内的物理延时时间。它是信号在总线上传播的时间、输入比较器延时和输出驱动器延时总和的两倍。

（3）相位缓冲段1、相位缓冲段2。相位缓冲段用于补偿边沿阶段的误差。这两个段可以通过重新同步加长或缩短。

（4）采样点。采样点是读总线电平并解释各位的值的一个时间点。采样点位于相位缓冲段1的结尾。

3）信息处理时间

信息处理时间是一个以采样点作为起始的时间段。采样点用于计算后续位的位电平。

4）时间份额（Time Quantum）

时间份额是派生于振荡器周期的固定时间单元，存在一个可编程的预比例因子，其数值范围为1~32之间的整数。以最小时间份额（Minimum Time Quantum）为起点，时间份额的长度为

$$时间份额＝m×最小时间份额$$

式中 m 为预比例因子。

5）时间段的长度

（1）同步段为 1 个时间份额；

（2）传播段的长度可设置为 1，2，…，8 个时间份额；

（3）相位缓冲段 1 的长度可设置为 1，2，…，8 个时间份额；

（4）相位缓冲段 2 的长度为相位缓冲段 1 和信息处理时间之间的最大值。

信息处理时间少于或等于 2 个时间份额。

一个位时间总的时间份额值可以设置在 8～25 之间，位时间的定义如图 3.3.22 所示。

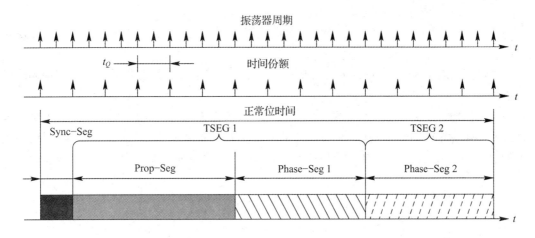

图 3.3.22　CAN 位时间各组成部分

12. CAN 总线的位同步

在位定时中，还有一个重要概念就是同步，下面对此进行介绍。

1）硬同步（Hard Synchronization）

硬同步后，内部的位时间从同步段重新开始。因此，硬同步强制由于硬同步引起的边沿处于重新开始的位时间同步段之内。

2）重新同步跳转宽度（Resynchronization Jump Width）

重新同步的结果使相位缓冲段 1 加长，或使相位缓冲段 2 缩短。相位缓冲段加长或缩短的数量有一个上限，此上限由重新同步跳转宽度给定。重新同步跳转宽度应设置于 1 和最小值之间（此最小值为 4，Phase‒Seg 1）。

从一位值转换到另一位值的过渡过程中可以得到时钟信息。这里有一个属性，即只有后续位的一固定最大数值才具有相同的数值。这个属性使总线单元在帧期间重新同步于位流成为可能。可用于重新同步的两个过渡过程之间的最大长度为 29 个位时间。

3）边沿的相位误差（Phase Error of an Edge）

一个边沿的相位误差由与同步段相关的边沿的位置给出，以时间份额度量。相位误差 e 定义如下：

（1）如果边沿处于同步段里，则 $e=0$。

（2）如果边沿位于采集点之前，则 $e>0$。

（3）如果边沿处于前一个位的采集点之后，则 $e<0$。

4）重新同步（Resynchronization）

当引起重新同步边沿的相位误差的幅值小于或等于重新同步跳转宽度的设定值时，重新同步和硬件同步的作用相同。当相位错误的量级大于重新同步跳转宽度时，如果相位误差为正，则相位缓冲段 1 被增长，增长的范围为与重新同步跳转宽度相等的值；如果相位误差为负，则相位缓冲段 2 被缩短，缩短的范围为与重新同步跳转宽度相等的值。

5）同步的原则（Synchronization Rules）

硬同步和重新同步是同步的两种形式，遵循以下规则：

（1）在一个位时间里只允许一个同步。

（2）仅当采集点之前探测到的值与紧跟边沿之后的总线值不相符时，才把边沿用于同步。

（3）总线空闲期间，无论何时，只要有一个"隐性"位转变到"显性"位的边沿，硬同步就会被执行。

（4）符合规则（1）和规则（2）的所有从"隐性"位转化为"显性"位的边沿可以用于重新同步。有一例外情况，即当发送一个显性位的节点不执行重新同步而导致一个"隐性"位转化为"显性"位边沿，此边沿具有正的相位误差，不能用于重新同步。

3.4 无线通信技术

无线通信（Wireless Communication）技术主要包括无线电通信、微波通信、红外通信和光通信等多种形式。其中无线电通信应用最为广泛，它是利用电磁波信号在自由空间传播的特性进行信息交换的一种通信方式。

目前无线通信主要使用数字化通信技术。数字化通信是一种用数字信号 0 和 1 进行数字编码传输信息的通信方式。数字化通信可以传输电报、数据等数字信号，也可传输经过数字化处理的语音和图像等模拟信号。

1. 无线通信网络及分类

无线通信网络是利用无线通信技术、通信设备、通信标准和协议等组成的通信网络，在该网络中通信终端能够接入网络并依赖该网络进行相互通信。

根据接入网络的方式不同可以分为集中式和自组织两种。

集中式终端根据其位置是否固定可分为固定式和移动式，如固定或移动基站、固定骨干节点等。典型的集中式网络包括各类蜂窝网络，通过安装多个固定的基站把较大通信区域覆盖，而每个基站可以管理成百上千个移动接入节点。在无线局域网络中可以利用集中式接入在一个相对小区域内形成星状网络。

自组织网络（Ad Hoc Networks）是与集中式网络完全不同的一种网络，在这种网络中，没有固定集中的控制中心，所有在网络中的节点通过一定的自组织协议加入网络，节点间的通信通过邻居节点的多跳来实现。自组织网络属于对等网络，不会因为其中一个节点的损坏而失去功能，而对于集中式网络，如果基站损坏，将会破坏网络的通信功能。

2. 无线通信技术的发展

无线通信技术是社会信息化的重要支撑，随着信息化社会的到来以及 IP 技术的发展，未来无线通信技术将得到快速发展，其发展的主要趋势是宽带化、接入多样化、信息个人化和 IP 网络化等几个方面：① 宽带化；② IP 网络化；③ 信息个人化；④ 核心网络综合化，接入网络多样化。

3. 物联网网络技术

物联网的网络是连接物体的信息通道，在物联网中的网络有多种形式，如有线网络、无线网络、局域网络、互联网、企业网络等。对于物联网，无线网络具有一定的优势，不仅可以摆脱布线的麻烦和费用，而且对于移动物体可能是唯一的联网选择。

无线网络技术丰富多样，根据距离不同，可以组成无线个域网、无线局域网、无线城域网和无线广域网。其中近距离的无线技术是物联网最为活跃的部分，因为物联网被称作是互联网的最后一公里，也称为末梢网络。根据应用的不同，其通信距离可能是几厘米到几百米之间，目前常用的技术主要有蓝牙、ZigBee、Wi-Fi 等。

3.4.1　ZigBee 技术

ZigBee 技术主要用于距离短、功耗低且传输速率不高的各种电子设备之间进行数据传输以及典型的有周期性数据、间歇性数据和低反应时间数据传输的应用。

1. ZigBee 技术概述

ZigBee 是一种近距离、低复杂度、低功耗、低速率及低成本的双向无线通信协议，其具有的上述特点使它能应用于智慧交通、环境保护、政府工作、公共安全、平安家居、智能消防、工业监测、老人护理及个人健康等领域。

ZigBee 是 IEEE 802.15.4 协议的代名词，这个协议规定的技术是一种距离短、功耗低的无线通信技术。这一名称来源于蜜蜂的八字舞，蜜蜂(Bee)是靠飞翔和"嗡嗡"(Zig)地抖动翅膀的"舞蹈"来告知同伴新发现的食物源位置等信息，也就是说蜜蜂依靠这样的方式构成了群体中的通信网络。借此意义，ZigBee 作为新一代无线通信技术的名称。在此之前 ZigBee 也被称为"HomeRF Lite""RF-EasyLink"或"fireFly"无线电技术，现在统称为 ZigBee。

简单地说，ZigBee 是一种高可靠的无线数传网络，类似于 CDMA 和 GSM 网络。ZigBee 数传模块类似于移动网络基站，通信距离从标准的 75 m 到几百米、几千米，并且支持无限扩展。ZigBee 是一个低成本、低功耗的无线网络标准。首先，它的低成本使之能广泛适用于无线监控领域；其次，低功耗使之具有更长的工作周期；最后，它所支持的无线网状网络具有更高的可靠性和更广的覆盖范围。ZigBee 还可以用于自动控制和远程控制领域，可以嵌入各种设备。ZigBee 与其他近距离无线传输特性的比较如表 3.4.1 所示。

表 3.4.1　ZigBee 与其他近距离无线传输特性的比较

	GRRS/GSM	Wi-Fi	Bluetooth	ZigBee
标准名称	1XRTT/CDMA	802.11b	802.15.1	802.15.4
应用重点	广阔范围声音、数据	Web、E-mail、图像	电缆替代品	监测、控制
系统资源	16 MB+	1 MB+	250 kB+	4～32 kB
电池寿命/日	1～7	0.5～5	1～7	100～1000+

续表

	GRRS/GSM	Wi-Fi	Bluetooth	ZigBee
网络大小	1	32	7	255/65 000
带宽/(kb/s)	64~128+	11 000+	720	20~250
传输距离/m	1000+	1~100	1~10+	1~100+
成功尺度	覆盖面大,质量高	速度快,灵活性强	价格便宜,方便	可靠,低功耗,价格便宜

2. ZigBee 网络结构

ZigBee 是一个由可多达 65 535 个无线数传模块组成的无线数传网络平台,在整个网络范围内,每一个 ZigBee 网络数传模块之间可以相互通信,每个网络节点间的距离可以从标准的 75 m 无限扩展。ZigBee 网络结构如图 3.4.1 所示。从图中可以看出,ZigBee 网络的拓扑结构有星形、网状和树形三种类型;ZigBee 网络设备包括协调器、路由器、终端设备。

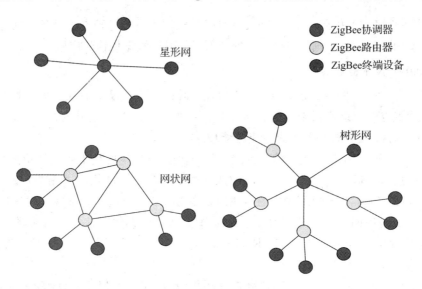

图 3.4.1　ZigBee 网络结构

每一个 ZigBee 网络节点还可在自己信号覆盖的范围内,和多个不承担网络信息中转任务的孤立的子节点进行无线连接,其节点硬件结构如图 3.4.2 所示。与用于移动通信的 CDMA 网或 GSM 网不同的是,ZigBee 网络主要是为工业现场自动化控制数据传输而建立,因而,它必须具有简单、使用方便、工作可靠、价格低的特点。移动通信网主要是为语音通信而建立,每个基站价值一般都在百万元人民币以上,而每个 ZigBee "基站"却不到 1000 元人民币。每个 ZigBee 网络节点不仅本身可以作为监控对象,例如其所连接的传感器可以直接进行数据采集和监控,还可

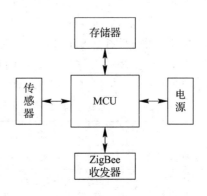

图 3.4.2　ZigBee 节点硬件结构

以自动中转别的网络节点传过来的数据资料。

3. ZigBee 协议

ZigBee 协议从下到上分别为物理层（PHY）、媒体访问控制层（MAC）、网络层（NWK）、应用层（APL）等。ZigBee 协议的物理层和媒体访问控制层均直接采用了 IEEE 802.11.4 标准。IEEE 802.11.4 的物理层采用直接序列展频（Direct Sequence Spread Spectrum，DSSS）技术，以化整为零的方式将一个信号分为多个信号，再经过编码方式传送信号以避免干扰。在媒体存取控制层主要沿用了 IEEE 802.114 系列标准的 CSMA/CA 方式，以提高系统的兼容性。所谓 CSMA/CA 是在传输之前，先要检查信道是否有数据传输，若信道无数据传输，则开始进行数据传输动作；若传输时产生碰撞，则稍后重新再传。ZigBee 协议栈模型如图 3.4.3 所示。

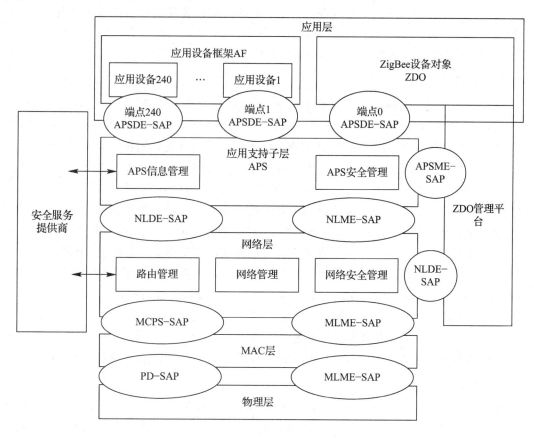

图 3.4.3　ZigBee 协议栈模型

4. ZigBee 自组织网络通信方式

ZigBee 技术采用自组织网络。例如，当一对跳伞员空降后，每人持有一个 ZigBee 网络模块终端降落到地面，只要他们彼此之间在网络模块的通信范围之内，通过彼此自动寻找，很快就可以形成一个互联网的网络。由于人员的移动，彼此之间的联络状态会发生变化。然而网络模块可以通过重新寻找通信对象，确定彼此之间的联络状态，对原有网络进行刷新。这就是自组织网络的通信机制。

1）ZigBee 采用自组织网通信

网状网通信的实质是多通道通信。在实际工业现场，由于各种原因，往往不能保证每一条无线通道都能够始终畅通，就像城市的街道一样，可能由于车祸或道路维修等，使得某条道路的交通出现暂时中断，此时由于有多个通道，车辆（相当于控制数据）仍然可以通过其他道路到达目的地。这一点对于工业现场的控制非常重要。

2）自组织网采取动态路由方式

动态路由是指网络中数据的传输路径不是预先设定的，而是在传输数据前，通过对网络当时可利用的所有路径进行搜索，分析其位置关系以及远近情况，然后选择其中的一条路径进行数据传输。在网络管理软件中，路径选择"梯度法"，即先选择路径最近的一条通道进行传输，若无法传输，再使用另外一条稍远一点的通道进行传输，以此类推，直到数据送达目的地为止。在实际的工业现场，预先确定的传输路径随时都可能发生变化，或者因各种原因被中断，或者因过于繁忙不能进行及时传送，动态路由结合网状拓扑结构，可以很好地解决这个问题，从而保证数据的可靠传输。

5. ZigBee 频带

在当前的物联网网络层组网技术研究中，主要技术路线有两条：一条是基于 ZigBee 联盟的 ZigBee 路由协议（基于 Ad-Hoc 路由），进行传感器节点或者其他智能物体的互联；另一条是 IPSO 联盟倡导的，通过 IP 实现传感器节点或者其他智能物体的互联。

但是，不同国家或地区所采用的 ZigBee 频带有所不同：① 868 MHz 频带，传输速度为 20 kb/s，适用于欧洲；② 915 MHz 频带，传输速率为 40 kb/s，适用于美国；③ 2.4 GHz 频带，传输速率为 250 kb/s，全球通用。由于这 3 个频带的物理层不相同，其各自信道的带宽也不同，分别为 0.6 MHz、2 MHz 和 5 MHz，且分别有 1 个、10 个和 16 个信道。

不同频带的扩频和调制方式也有区别。虽然各频带都使用了直接扩频（DSSS）方式，但从比特到码片的变换方式却有较大差别。调制方式虽然采用的都是调相技术，但在 868 MHz 和 915 MHz 频带采用的是 BPSK，而 2.4 GHz 频带采用的是 OQPSK。

在发射功率为 0 dBm 的情况下，Bluetooth 的作用范围通常为 10 m。而基于 IEEE 802.15.4 的 ZigBee 在室内的作用距离通常能达到 3～5 m，在室外且障碍物少的情况下，其作用距离甚至可以达到 100 m。因此 ZigBee 可归为低速率的短距离无线通信技术。

6. ZigBee 技术特点

ZigBee 是一种无线连接，可工作在 2.4 GHz（全球流行）、868 MHz（欧洲流行）和 915 MHz（美国流行）三个频段上，分别具有最高 250 kb/s、20 kb/s 和 40 kb/s 的传输速率，它的传输距离在 10～75 m 的范围内，但可以继续增加。作为一种无线通信技术，ZigBee 具有如下特点：

（1）低功耗：由于 ZigBee 的传输速率低，发射功率仅为 1 mW，而且采用了休眠模式，功耗低，因此 ZigBee 设备非常省电。据估算，ZigBee 设备仅靠两节 5 号电池就可以维持长达 6 个月到两年左右的使用时间，这是其他无线设备无法相比的。

（2）低成本：通过大幅度地简化协议（不到蓝牙的 1/10），ZigBee 降低了对通信控制器的要求。根据预测分析，以 8051 的 8 位微控制器测算，全功能的主节点需要 32 kB 代码，子功能节点少至 4 kB 代码，并且 ZigBee 不必支付协议专利费。这样，每块芯片的价格大约 2 美元，如此低的成本是 ZigBee 应用广泛的一个关键因素。

（3）低速率：ZigBee 工作在 20～250 kb/s 的较低速率，分别提供 250 kb/s(2.4 GHz)、40 kb/s(915 MHz) 和 20 kb/s(868 MHz) 的原始数据吞吐率，可满足低速率传输数据的应用需求。

（4）近距离：ZigBee 的传输范围一般为 10～100 m，在增加 RF 的发射功率后，也可增加到 1～3 km。这里指的是相邻节点间的距离。若采用路由和节点间的通信接力，传输距离可以更远。

（5）短时延：通信时延和从休眠状态激活的时延都非常短，即 ZigBee 的响应速度较快。典型的搜索设备的时延为 30 ms，休眠激活的时延为 15 ms，活动设备信道接入的时延为 15 ms。因此，ZigBee 技术适用于对时延要求很高的无线控制（如工业控制场合等）应用。而蓝牙需要 3～10 s、Wi-Fi 需要 3s。

（6）网络容量大：ZigBee 可采用星形、树形和网状网络结构，由一个主节点管理若干子节点，一个主节点最多可管理 254 个子节点（从设备和一个主设备）；同时主节点还可由上一层网络节点管理，一个区域内可以同时存在最多 100 个 ZigBee 网络，最多可组成 65 000 个节点的大网，而且网络组成灵活。

（7）高可靠：ZigBee 采取碰撞避免策略，同时为需要固定带宽的通信业务预留了专用时隙，以避开发送数据的竞争和冲突。MAC 层采用完全确认的数据传输模式，每个发送的数据报都必须等待接收方的确认信息。若传输过程中出现问题可以进行重发。

（8）高安全：ZigBee 提供了三级安全模式，使用接入控制列表（Access Control List，ACL）防止非法获取数据；提供了基于循环冗余校验（Cyclic Redundancy Check，CRC）的数据报完整性检查功能；支持鉴权和认证，采用高级加密标准（AES128）的对称密码算法。因此，对于 ZigBee 的各个应用可以灵活地确定其安全属性。

（9）免执照频段：采用直接序列扩频在工业科学医疗（ISM）频段，即 2.4 GHz（全球）、915 MHz（美国）和 868 MHz（欧洲）。

7. ZigBee 应用前景

ZigBee 技术在物联网中的应用涉及三个层次，一是传感网络，即以二维码、RFID 和传感器为主，实现"物"的识别；二是传输网络，即通过现有的互联网、广电网、通信网或者下一代互联网，实现数据的传输和计算；三是应用网络，即输入/输出控制终端，包括手机等终端。图 3.4.4 所示为 ZigBee 联盟规划好的 ZigBee 应用范围。ZigBee 与物联网在很多领域有着密切的结合，因此其在物联网中可得到广泛应用。

ZigBee 可应用于智能停车管理系统中。一般大型停车场可分为 4 个部分，即入口管理系统、停车泊位和防盗报警系统、出口收费管理系统以及中心管理系统。当车辆进入停车场感应区时，在距离停车场 10～15 m 的范围时，由协调器发送信号，激活处于休眠状态的 ZigBee 识别标签（车载路由节点）；识别标签自动连接到协调器，并向协调器发送芯片内部存储的车辆相关信息；协调器将读出的信息通过 ZigBee 无线网络传输到控制台。确认进入后，控制台根据现有车位安排停车位置，从起始位置开始，经 ZigBee 识别标签与路由节点及协调器通信，确定行驶路径，途径中间位置最后到达限位位置（停车位置）。停车结束后，经由同样的方式可以驶出停车场；根据时间计费，然后使 ZigBee 识别标签休眠，完成整个过程。中心管理系统在线监控停车场进出日期、收费以及停车场内部所有车辆安全状况，处理并记录停车场内部的各种安全事件。

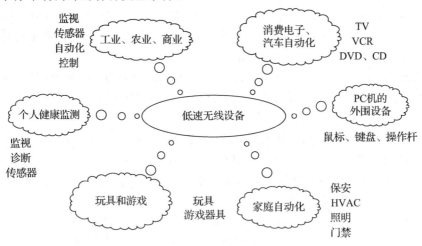

图 3.4.4 ZigBee 应用前景

3.4.2 蓝牙技术

蓝牙(Bluetooth)是一种支持设备短距离通信(一般 10 m 内)的无线电技术,能在包括移动电话 PDA、无线耳机、笔记本、相关外设等众多设备之间进行无线信息交换(使用 2.4～2.485 GHz 的 ISM 波段的 UHF 无线电波)。蓝牙标志如图 3.4.5 所示。利用蓝牙技术能够有效地简化移动通信终端设备之间的通信,也能够成功地简化设备与 Internet 之间的通信,从而使数据传输变得更加迅速高效。蓝牙采用分散式网络结构以及快跳频和短包技术,支持点对点及点对多点通信,工作在全球通用的 2.4 GHz ISM(即工业、科学医学)频段,其数据传输速率为 1 Mb/s,采用时分双工传输方案实现全双工传输。蓝牙模块如图 3.4.6 所示。

蓝牙技术是一种开放性、短距离无线通信的标准,它可以用来在较短距离内取代目前多种电缆连接方案,通过统一的短距离无线链路在各种数字设备之间实现方便快捷、灵活安全、低成本、小功耗的语音和数据通信。

图 3.4.5 蓝牙标志

图 3.4.6 蓝牙模块

蓝牙由蓝牙技术联盟(Bluetooth Special Interest Group，SIG)管理。蓝牙技术联盟在全球拥有超过 25 000 家成员公司，它们分布在电信、计算机、网络和电子等多种领域。IEEE 将蓝牙技术列为 IEEE 802.15.1，但如今已不再维持该标准。蓝牙技术联盟负责监督蓝牙规范的开发，管理认证项目，并维护商标权益。制造商的设备必须符合蓝牙技术联盟的标准才能以"蓝牙设备"的名义进入市场。蓝牙技术拥有一套专利网络，可发放给符合标准的设备。

1. 传输与应用

蓝牙的波段为 2.402～2.480 GHz(包括防护频带)，这是全球范围内无需取得执照(但并非无管制)的工业、科学和医疗的 ISM(Industry Science Medicine)波段的 2.4 GHz 短距离无线电频段。蓝牙技术指标和系统参数如表 3.4.2 所示。

表 3.4.2　蓝牙技术指标和系统参数

工作频段	ISM 频段，2.402～2.480 GHz
双工方式	全双工，TDD 时分双工
业务类型	支持电路交换和分组交换业务
数据速率	1 Mb/s
非同步信道速率	非对称连接下为 721 kb/s/57.6 kb/s，对称连接下为 432.6 kb/s
同步信道速率	64 kb/s
功率	美国 FCC 要求小于 0 dBm(1 mW)，其他国家可扩展为 100 mW
跳频频率数	79 个频点/1 MHz
工作模式	PARK/HOLD/SNIFF
数据连接方式	面向连接业务 SCO，无连接业务 ACL
纠错方式	1/3FEC，2/3FEC，ARQ
鉴权	采用反应逻辑算术
信道加密	采用 0 位、40 位、60 位加密
语音编码方式	连续可变斜率增量调制(CVSD)
收射距离	一般可达 10 cm～10 m，增加功率的情况下可达 100 m

蓝牙使用跳频技术，将传输的数据分割成数据包，通过 79 个指定的蓝牙频道分别传输数据包。每个频道的频宽为 1 MHz。第一个频道始于 2402 MHz，1 MHz 一个频道，至 2480 MHz。有了适配跳频(Adaptive Frequency-Hopping，AFH)功能，通常每秒跳频 1600 次。

最初，高斯频移键控(Gaussian Frequency-Shift Keying，GFSK)调制是唯一可用的调制方案。然而蓝牙 2.0＋EDR 使得 $\pi/4$ - DQPSK 和 8DPSK 调制在兼容设备中的使用变为可能。运行 GFSK 的设备据说可以基础速率(Basic Rate，BR)运行，瞬时速率可达 1 Mb/s。增强数据率(Enhanced Data Rate，EDR)一词用于描述 $\pi/4$ - DPSK 和 8DPSK 方案，分别可达 2 Mb/s 和 3 Mb/s。在蓝牙无线技术中，两种模式(BR 和 EDR)的结合统称为"BR/EDR 射频"。

蓝牙是基于数据包、有着主从架构的协议。所有设备共享主设备的时钟。分组交换基于主设备定义的、以 312.5 μs 为间隔运行的基础时钟。两个时钟周期构成一个 625 μs 的槽，两个时间隙就构成了一个 1250 μs 的缝隙对。在单槽封包的简单情况下，主设备在双数槽发送信息、单数槽接受信息。而从设备则正好相反。封包容量可长达 1、3 或 5 个时间隙，但无论是哪种情况，主设备都会从双数槽开始传输，从设备从单数槽开始传输。

2. 通信连接

蓝牙主设备最多可与一个微微网（一个采用蓝牙技术的临时计算机网络）中的七个设备通信，如图 3.4.7 所示。当然，并不是所有设备都能够达到这一最大量。设备之间可通过协议转换角色，从设备也可转换为主设备（比如，一个头戴式耳机如果向手机发起连接请求，它作为连接的发起者，自然就是主设备，但是随后也许会作为从设备运行）。

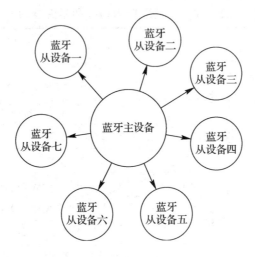

图 3.4.7　蓝牙连接图

蓝牙核心规格提供两个或两个以上的微微网连接以形成分布式网络，让特定的设备在这些微微网中自动同时地分别扮演主、从角色。

数据传输可随时在主设备和其他设备之间进行（应用极少的广播模式除外）。主设备可选择要访问的从设备；典型的情况是，它可以在设备之间以轮替的方式快速转换。因为是主设备来选择要访问的从设备，理论上从设备就要在接收槽内待命，主设备的负担要比从设备轻一些。主设备可以与七个从设备相连接，但是从设备却很难与一个以上的主设备相连。规格对于散射网中的行为要求是模糊的。

3. 蓝牙协议

蓝牙协议包括核心协议层、替代电缆协议层、电话控制协议层和选用协议层，蓝牙协议栈结构如图 3.4.8 所示。

（1）核心协议。核心协议包括基带协议、链路管理协议（LMP）、逻辑链路控制和适配协议（L2CAP）、服务发现协议（SDP）。

基带协议：确保各个蓝牙设备之间的射频连接，以形成微微网络。

链路管理协议：负责蓝牙各设备间连接的建立和设置。LMP 通过连接的发起、交换和核实进行身份验证和加密，通过协商确定基带数据分组大小；控制无线设备的节能模式和工作周期，以及微微网络内设备单元的连接状态。

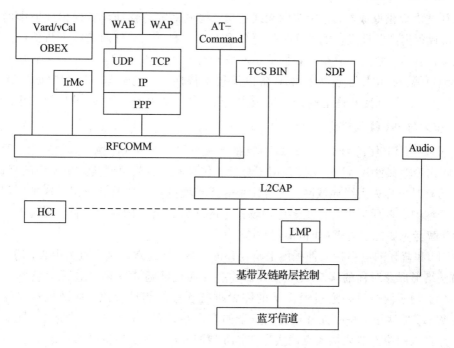

图 3.4.8　蓝牙协议栈结构

逻辑链路控制和适配协议：该协议是基带的上层协议，可以认为 L2CAP 与 LMP 并行工作。L2CAP 与 LMP 的区别在于当业务数据不经过 LMP 时，L2CAP 为上层提供服务。

服务发现协议：使用服务发现协议(SDP)可以查询到设备信息和服务类型，从而在蓝牙设备间建立相应的连接。

(2) 替代电缆协议。替代电缆协议包括串行电路仿真协议(RFCOMM)，用于实现数据的转换。

(3) 电话替代协议。电话替代协议包括二元电话控制规范(TCS Binary)与 AT -命令(AT - Command)，用于提供音频通信的处理规范和相应的控制命令。

(4) 选用协议。选用协议与用户的应用有关，包括点到点协议(PPP)、用户数据报和传输控制协议/互联网协议(UDP 和 TCP/IP)、目标交换协议(OBEX)、无线应用协议(WAP)、无线应用环境(WAE)、vCard 、vCal 、红外移动通信(IrMC)。选用协议层的具体内容由应用系统根据需要选择。

除了以上协议层外，蓝牙协议栈中还应包括两个接口：一个是主机控制接口(HCI)，用来为基带控制器、链路控制器以及访问硬件状态和控制寄存器等提供命令接口；另一个是与基带处理部分直接相连的音频接口，用以传递音频数据。

在蓝牙协议栈中，HCI 以上部分通常用软件实现，包括逻辑链路控制和适配协议 L2CAP、串行仿真 RFCOMM、链路管理协议(LMP)、电话替代协议和选用协议；而 HCI 以下部分则用硬件实现，包括基带协议和链路管理协议(LMP)，这部分也叫做蓝牙协议体系结构中的底层硬件模块。

4. 蓝牙技术特点

蓝牙技术提供低成本、近距离的无线通信，构成固定与移动设备通信环境中的个人网络，使得近距离内各种设备能够实现无缝资源共享。显然，这种通信技术与传统的通信模式有明显的区别，它的初衷是以相同成本和安全性实现一般电缆的功能，从而使移动用户摆脱电缆束缚。这决定了蓝牙技术具备以下技术特性：① 能传输语音和数据；② 使用频段、连接性、抗干扰性和稳定性；③ 低成本、低功耗、低辐射；④ 安全性；⑤ 网络特性。

5. 蓝牙与 Wi-Fi 的对比

蓝牙和 Wi-Fi(使用 IEEE 802.11 标准的产品的品牌名称)有些类似的应用，即设置网络、打印或传输文件。Wi-Fi 主要是用于替代工作场所一般局域网接入中使用的高速线缆。这类应用有时也称为无线局域网。蓝牙主要是用于便携式设备及其应用。这类应用也被称为无线个域网。蓝牙可以替代很多应用场景中的便携式设备的线缆，能够应用于一些固定场所，如智能家庭能源管理(如恒温器)等。

Wi-Fi 和蓝牙的应用在某种程度上是互补的。Wi-Fi 通常以接入点为中心，通过接入点与路由网络形成非对称的客户机—服务器连接。而蓝牙通常是两个蓝牙设备间的对称连接。蓝牙适用于两个设备通过最简单的配置进行连接的简单应用，如耳机和遥控器的按钮，而 Wi-Fi 更适用于一些能够进行稍复杂的客户端设置和需要高速的应用，尤其像通过存取节点接入网络。蓝牙接入点确实存在，而 Wi-Fi 的点对点连接虽然不像蓝牙一样容易，但也是可能的。WiFi Direct 为 Wi-Fi 添加了类似蓝牙的点对点功能。

3.4.3　Wi-Fi 技术

Wi-Fi 全称为 Wireless Fidelity，又称 802.11b 标准，是一种允许电子设备连接到一个无线局域网的技术，通常使用 2.4G UHF 或 5G SHF ISM 射频频段。无线局域网通常是有密码保护的；但也可以是开放的，这样就允许任何在无线局域网范围内的设备可以连接上。

IEEE 802.11b 无线网络规范是 IEEE 802.11a 网络规范的变种，最高带宽为 11 Mb/s，在信号较弱或有干扰的情况下，带宽可调整为 5.5 Mb/s、2 Mb/s、1 Mb/s，带宽的自动调整有效地保障了网络的稳定性和可靠性。其主要特性为速度快、可靠性高，在开放性区域，通信距离可达 305 m，在封闭性区域，通信距离为 76～122 m，方便与现有的有线以太网络整合，组网的成本低。

无线网络在无线局域网的范畴是指"无线相容性认证"，实质上是一种商业认证，同时也是一种无线联网技术，以前通过网线连接电脑，而 Wi-Fi 则是通过无线电波来联网。常见的是无线路由器，在无线路由器的电波覆盖的有效范围都可以采用 Wi-Fi 连接方式进行联网。如果无线路由器连接了一条 ADSL 线路或者别的上网线路，则又被称为热点。

1. Wi-Fi 无线网络结构

Wi-Fi 无线网络的拓扑结构主要有两种，即 Ad－Hoc 和 Infrastructure。

Ad－Hoc 是一种对等的网络结构，各计算机只需接上相应的无线网卡，或者具有 Wi-Fi 手机等便携终端，即可实现相互连接和资源共享，无须中间作用的 AP。此种网络结构如图 3.4.9 所示。

Infrastructure 是一种整合有线与无线局域网络架构的应用模式，通过此种网络结构同样可实现网络资源的共享,此应用需通过 AP。这种网络结构是应用最广泛的一种,它类似于以太网中的星状结构,起中间网桥作用的 AP 就相当于有线网络中的 Hub(集线器)或者 Switch(交换机),此种网络结构如图 3.4.10 所示。

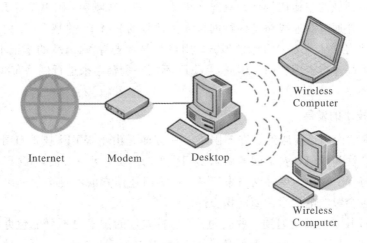

图 3.4.9　Ad - Hoc 拓扑结构

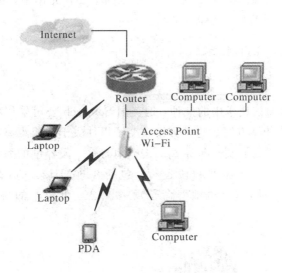

图 3.4.10　Infrastructure 拓扑结构

2. Wi-Fi 的优点

Wi-Fi 技术与蓝牙技术一样,同属于在办公室和家庭中使用的短距离无线技术。该技术使用的是 2.4 GHz 附近的频段,该频段目前尚属不用许可的无线频段。其目前可使用的标准有两个,分别是 IEEE 802.11a 和 IEEE 802.11b。该技术由于有着自身的优点,因此受到青睐。

Wi-Fi 技术突出的优势体现在以下几个方面:

(1) 无线电波的覆盖范围广。基于蓝牙技术的电波覆盖范围非常小,半径大约只有 50 英尺左右(约 15 m),而 Wi-Fi 的半径则可达 300 英尺左右(约 100 m),即使在整栋大楼中也可使用。最近,Vivato 公司推出一款新型交换机。据悉,该款产品能够把目前 Wi-Fi 无线网络的通信距离扩大到 4 英里(约 6.5 km)。

(2) 虽然由 Wi-Fi 技术传输的无线通信质量不是很好，数据安全性能比蓝牙差一些，且传输质量也有待改进，但传输速度非常快，可以达到 11 Mb/s，符合个人和社会信息化的需求。

(3) 进入该领域的门槛比较低。只要在机场、车站、咖啡店、图书馆等人员较密集的地方设置"热点"，并通过高速线路将因特网接入上述场所，由于"热点"所发射出的电波可以达到距接入点半径数十米至一百米的地方，用户只要将支持 VLAN 的笔记本或 PDA 拿到该区域内，即可高速接入因特网。因此，Wi-Fi 不用耗费资金来进行网络布线接入，从而节省了大量的成本。

3. Wi-Fi 技术的发展

Wi-Fi 技术的商用目前遇到了许多困难。一方面是由于 Wi-Fi 技术自身的限制，比如其漫游性、安全性和如何计费等问题尚未得到妥善的解决；另一方面，Wi-Fi 的赢利模式尚不明确，如果将 Wi-Fi 作为单一网络来经营，那么商业用户的不足会使网络建设的投资收益较低，因此也会影响电信运营商的积极性。

虽然 Wi-Fi 技术的商用遇到一些问题，但这种先进的技术也不可能包办所有功能的通信系统。可以说，只有各种接入手段相互补充使用才能带来经济性、可靠性和有效性。因而，它可以在特定的区域和范围内发挥对 3G 技术的重要补充作用，Wi-Fi 技术与 3G 技术相结合将具有广阔的发展前景。

3.4.4 LoRa 和 NB - IoT 技术

1. LoRa 技术

LoRa 是 LPWAN 通信技术中的一种，是美国 Semtech 公司采用和推广的一种基于扩频技术的超远距离无线传输方案。这一方案改变了以往关于传输距离与功耗的折中考虑方式，为用户提供一种简单的能实现远距离、长电池寿命、大容量的系统，进而扩展传感网络。目前，LoRa 主要在全球免费频段运行，包括 433 MHz、868 MHz、915 MHz 等。LoRa 技术具有远距离、低功耗(电池寿命长)、多节点、低成本的特性。LoRa 模块如图 3.4.11 所示。

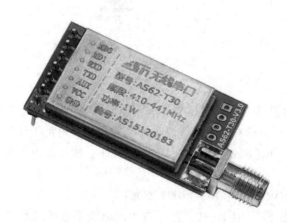

图 3.4.11 LoRa 模块

LoRa 网络主要由终端(可内置 LoRa 模块)、网关(或称基站)、Server 和云四部分组成，如图 3.4.12 所示。应用数据可双向传输。

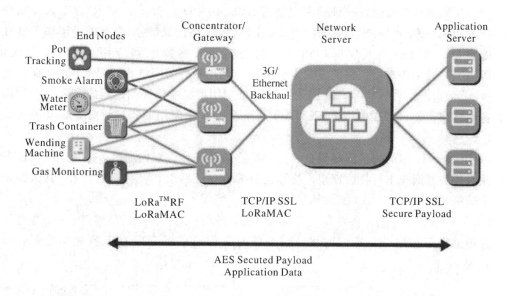

图 3.4.12　LoRa 网络结构

　　LoRa 联盟是 2015 年 3 月 Semtech 牵头成立的一个开放的、非盈利的组织，发起成员还有法国 Actility、中国 AUGTEK 和荷兰皇家电信 kpn 等企业。不到一年时间，联盟已经发展成员公司 150 余家，其中不乏 IBM、思科、法国 Orange 等重量级产商。产业链（终端硬件产商、芯片产商、模块网关产商、软件厂商、系统集成商、网络运营商）中的每一环均有大量的企业，这种技术的开放性以及竞争与合作的充分性都推动了 LoRa 的快速发展与生态繁盛。

　　目前 LoRa 网络已经在世界多地进行试点或部署。据 LoRa Alliance 早先公布的数据，已经有 9 个国家开始建网，56 个国家开始进行试点。中国 AUGTEK 在京杭大运河完成 284 个基站的建设，覆盖 1300 km 流域；美国网络运营商 Senet 于 2015 年中在北美完成了 50 个基站的建设，覆盖 15 000 平方英里（约 38 850 平方千米），预计在第一阶段完成超过 200 个基站架设。

　　LoRaWAN 是 LoRa 联盟推出的一个基于开源的 MAC 层协议的低功耗广域网（Low Power Wide Area Network，LPWAN）标准。这一技术可以为电池供电的无线设备提供局域、全国或全球的网络。LoRaWAN 瞄准的是物联网中的一些核心需求，如安全双向通信、移动通信和静态位置识别等服务。该技术无需本地复杂配置，就可以让智能设备间实现无缝对接互操作，给物联网领域的用户、开发者和企业自由操作权限。

　　LoRaWAN 网络架构是一个典型的星形拓扑结构，在这个网络架构中，LoRa 网关是一个透明传输的中继，连接终端设备和后端中央服务器。网关与服务器间通过标准 IP 连接，终端设备采用单跳与一个或多个网关通信。所有的节点与网关间均是双向通信，同时也支持云端升级等操作，以减少云端通信时间。

　　终端与网关之间的通信是在不同频率和数据传输速率基础上完成的，数据速率的选择需要在传输距离和消息时延之间权衡。由于采用了扩频技术，不同传输速率的通信不会互相干扰，且还会创建一组"虚拟化"的频段来增加网关容量。LoRaWAN 的数据传输速率范围为 0.3 kb/s 至 37.5 kb/s，为了使终端设备电池的寿命和整个网络容量最大化，LoRaWAN 网络服务器通过一种速率自适应（Adaptive Data Rate，ADR）方案来控制数据传输速率和每一终端设备的射频输出功率。全国性覆盖的广域网络瞄准的是诸如关键性基础设施建设、机密的个人数据传输或社会公共服务等物联网应用。关于安全通信，LoRaWAN 一般采用多层加密的方式来解决：① 利用独特的网络密钥（EU164），保证网络层安全；② 利用独特的应用密钥（EU164），保证应用层终端到终端之间的安全；③ 利用属于设备的特别密钥（EUI128）。LoRaWAN 网络根据实际应用的不同，把终端设备划分成 A、B、C 三类：

（1）Class A：双向通信终端设备。这一类终端设备允许双向通信，每一个终端设备上行传输会伴随着两个下行接收窗口。终端设备的传输槽基于其自身通信需求，其微调是基于一个随机的时间基准（ALOHA 协议）。

Class A 所属的终端设备在应用时功耗最低，终端发送一个上行传输信号后，服务器能很迅速地进行下行通信，任何时候，服务器的下行通信都只能在上行通信之后，如图 3.4.13 所示。

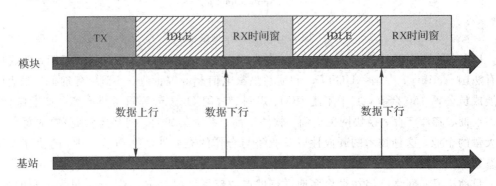

图 3.4.13　LoRa WAN 网络 Class A

（2）Class B：具有预设接收槽的双向通信终端设备。这一类的终端设备会在预设时间中开放多余的接收窗口，为了达到这一目的，终端设备会同步从网关接收一个 Beacon，通过 Beacon 将基站与模块的时间进行同步。这种方式能使服务器知道终端设备正在接收数据，如图 3.4.14 所示。

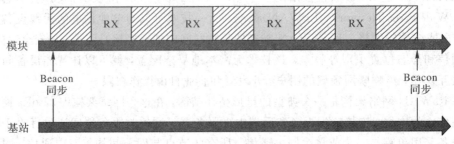

图 3.4.14　LoRa WAN 网络 Class B

（3）Class C：具有最大接收槽的双向通信终端设备。这一类的终端设备持续开放接收窗口，只在传输时关闭，如图 3.4.15 所示。

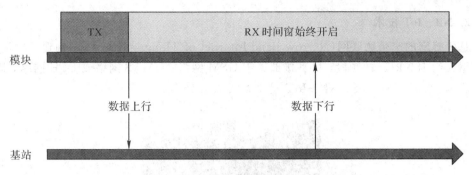

图 3.4.15　LoRa WAN 网络 Class C

一般来说，传输速率、工作频段和网络拓扑结构是影响传感网络特性的三个主要参数。传输速率的选择将影响系统的传输距离和电池寿命；工作频段的选择要综合考虑频段和系统的设计目标；而在 FSK 系统中，网络拓扑结构的选择是由传输距离要求和系统需要的节点数目来决定的。LoRa 融合了数字扩频、数字信号处理和前向纠错编码技术，拥有优良的性能。此前，只有那些高等级的工业无线电通信才会融合这些技术，而随着 LoRa 的引入，嵌入式无线通信领域的局面发生了很大的变化。

前向纠错编码技术是给待传输数据序列中增加一些冗余信息，这样，数据传输进程中注入的错误码元在接收端就会被及时纠正。这一技术减少了以往创建"自修复"数据包来重发的需求，且能有效解决由多径衰落引发的突发性误码。一旦数据包分组建立起来且注入前向纠错编码以保障可靠性，这些数据包将被送到数字扩频调制器中。这一调制器将分组数据包中每一比特馈入一个"展扩器"中，将每一比特时间划分为众多码片。

即使在噪声很大的情况下，LoRa 也能有效应对。LoRa 调制解调器经配置后，可划分的范围为 64～4096 码片/比特，最高可使用 4096 码片/比特中的最高扩频因子(12)。相对而言，ZigBee 能划分的范围仅为 10～12 码片/比特。通过使用高扩频因子，LoRa 技术可将小容量数据通过大范围的无线电频谱传输出去。实际上，在通过频谱分析仪测量时，这些数据看上去像噪音，但区别在于噪音是不相关的，而数据具有相关性。基于此，数据实际上可以从噪音中被提取出来。扩频因子越高，可从噪音中提取出的数据越多。在一个运转良好的 GFSK 接收端，8 dB 的最小信噪比(SNR)需要可靠地解调信号。采用配置 AngelBlocks 的方式，LoRa 可解调一个信号，其信噪比为 −20 dB，GFSK 方式与这一结果差距为 28 dB，这相当于范围和距离扩大了很多。在户外环境下，6 dB 的差距就可以实现两倍于原来的传输距离。

为了有效地对比不同技术之间传输范围的表现，使用"链路预算"定量指标。链路预算包括影响接收端信号强度的每一变量，在其简化体系中包括发射功率加上接收端灵敏度。AngelBlocks 的发射功率为 100 mW (20 dBm)，接收端灵敏度为 −129 dBm，总的链路预算为 149 dB。比较而言，拥有灵敏度 −110 dBm(这已是其最好的数据)的 GFSK 无线技术，需要 5 W 的功率(37 dBm)才能达到相同的链路预算值。在实践中，大多数 GFSK 无线技术接收端灵敏度可达到 −103 dBm，在此状况下，发射端发射频率必须为 46 dBm 或者大约 36 W，才能达到与 LoRa 类似的链路预算值。

因此，使用 LoRa 技术能够以低发射功率获得更广的传输范围和距离，这种低功耗广域技术正是目前所需要的。

2. NB-IoT 技术

基于蜂窝的窄带物联网(Narrow Band Internet of Things，NB-IoT)构建于蜂窝网络，只占用大约 180 kHz 的频段，可直接部署于 GSM 网络、UMTS 网络或 LTE 网络，以降低部署成本、实现平滑升级。NB-IoT 模块如图 3.4.16 所示。

图 3.4.16　NB-IoT 模块

NB-IoT 支持低功耗设备在广域网的蜂窝数据连接，也被称为低功耗广域网(LPWA)；NB-IoT 支持待机时间长、对网络连接要求较高设备的高效连接。NB-IoT 设备电池寿命可以提高至至少 10 年，同时还能提供非常全面的室内蜂窝数据连接覆盖。NB-IoT 的主要特点：一是覆盖广，将提供改进的室内覆盖，在同样的频段下，NB-IoT 比现有的网络增益 20 dB，覆盖面积扩大 100 倍；二是具备支撑海量连接的能力，NB-IoT 的一个扇区能够支持 10 万个连接，支持低延时敏感度、超低的设备成本、低设备功耗和优化的网络架构；三是低功耗，NB-IoT 终端模块的待机时间可长达 10 年；四是低模块成本，企业预期的单个接连模块不超过 5 美元。NB-IoT 使用 License 频段，可采取带内、保护带或独立载波等三种部署方式，与现有网络共存。

电信运营商找到了新增长点。2015 年 11 月 4 日，在香港举办的 MBB 会议(全球移动宽带论坛)上，沃达丰电信集团呼吁全球运营商尽快实现 NB-IoT(Narrow Band Internet of Things)技术的商用。NB-IoT 是目前主流电信运营商、设备商针对物联网市场在全球标准组织 3GPP 提出的最新技术。

电信行业憧憬物联网市场已达 10 年之久，但由于传统 2G、3G、4G 网络并不满足物联网设备低功耗、低成本的要求，一直以来，大部分物联网设备在连接时主要使用 Wi-Fi、蓝牙等免费技术，运营商很难从中获利。目前，全球联网的物联网终端约 40 亿个，但接入运营商移动网络的终端只有 2.3 亿个左右，运营商在物联网市场的占比不足 6%。

不过，针对物联网提出的 NB-IoT 有可能给运营商带来 3 倍增量。据华为轮值 CEO 胡厚崑介绍，NB-IoT 能够让接入运营商网络的物联网终端在 2020 年达到 10 亿个。或许正是这个原因，NB-IoT 被沃达丰主管 Luke Ibbeston 称为"拥有巨大潜力的商业蓝海"。

中国联通于 2017 年 5 月 15 日举办"中国联通 NB-IoT 网络试商用发布会暨物联网生态论坛"，以迎接万物互联，抢抓百亿级市场机遇。作为智慧城市建设的积极参与者，中国联通一直致力于物联网的发展，建成了以上海为代表的目前世界上最大规模的 NB-IoT 商用城域网络，实现了上海城域全覆盖。

和中国电信重耕 800 MHz，在 800 MHz 低频上建设部署 NB-IoT 不同的是，中国联通采取了在 900 MHz/1800 MHz 双频上进行部署，除北京、上海等大城市，超过 80% 的基站拟采用基于 LTE 1800 MHz 的升级部署方案。

中国联通目前正在积极推进 NB-IoT 和 eMTC 技术试点。试点主要包括两部分：一部分是内场实验，依托于中国联通物联网开放实验室，主要推进各类物联网技术对接；另一部分是外场测试，中国联通已经在全国 10 多个城市同步推进测试工作。

3. LoRa 和 NB-IoT 的对比

LoRa 工作在 1 GHz 以下的非授权频段，故在应用时不需要额外付费。NB-IoT 和蜂窝通信使用 1 GHz 以下的授权频段。处于 500 MHz 和 1 GHz 之间的频段对于远距离通信是最优的选择，因为天线的实际尺寸和效率是具有相当优势的。

LoRaWAN 使用免费的非授权频段，并且是异步通信协议，对于电池供电和低成本是最佳的选择。LoRa 和 LoRaWAN 协议虽然在处理干扰、网络重叠、可伸缩性等方面具有独特的特性，但却不能提供像蜂窝协议一样的服务质量。

3.4.5　无线通信天线设计基础

天线是在无线通信系统中用来传送与接收电磁波能量的重要必备组件。由于目前技术尚无法将天线整合至半导体制成的芯片中，故在功能模块里除了核心的系统芯片外，天线是另一个具有影响模块传输特性的关键性组件。在各种不同的应用产品中，所使用的天线设计方法与制作材质也不尽相同。选用适当的天线除了有助于搭配产品的外形以及提升无线通信模块的传输特性外，还可以进一步降低整个模块的成本。图 3.4.17 所示为 2.4 GHz 无线通信技术的天线部分。

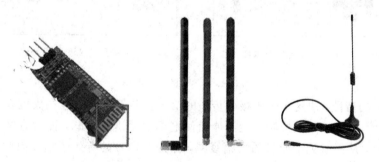

图 3.4.17　2.4 GHz 无线通信技术的天线部分

1. 天线设计的主要技术指标

1）输入阻抗

天线的输入阻抗是天线馈电端输入电压与输入电流的比值。天线与馈线的连接，最佳情形是天线输入阻抗是纯电阻且等于馈线的特性阻抗，这时馈线终端没有功率反射，馈线上没有驻波，天线的输入阻抗随频率的变化比较平缓。

天线的匹配工作就是消除天线输入阻抗中的电抗分量，使电阻分量尽可能地接近馈线的特性阻抗。匹配的优劣一般用四个参数来衡量，即反射系数、行波系数、驻波比和回波损耗，四个参数之间有固定的数值关系。一般移动通信天线的输入阻抗为 50 Ω。

2）驻波比

驻波比是行波系数的倒数，其值在 1 到无穷大之间。驻波比为 1 表示完全匹配；驻波比为无穷大表示全反射，完全失配。在移动通信系统中，一般要求驻波比小于 1.5，但实际应用中驻波比应小于 1.2。过大的驻波比会减小基站的覆盖并造成系统内干扰加大，影响基站的服务性能。

3）回波损耗

回波损耗是反射系数绝对值的倒数，以分贝值表示。回波损耗的值在 0 dB 到无穷大之间，回波损耗越小表示匹配越差，回波损耗越大表示匹配越好。0 dB 表示全反射，无穷大表示完全匹配。在移动通信系统中，一般要求回波损耗大于 14 dB。

4）天线的极化方式

天线的极化是指天线辐射时形成的电场强度方向。当电场强度方向垂直于地面时，此电波就称为垂直极化波；当电场强度方向平行于地面时，此电波就称为水平极化波，如图 3.4.18 所示。

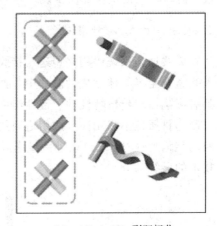

(a) 垂直/水平型双极化   (b) +45°/−45° 型双极化

图 3.4.18　双极化模型图

由于电波的特性，决定了水平极化传播的信号在贴近地面时会在大地表面产生极化电流，极化电流因受大地阻抗影响产生热能而使电场信号迅速衰减，而垂直极化方式则不易产生极化电流，从而避免了能量的大幅衰减，保证了信号的有效传播。因此，一般均采用垂直极化的传播方式。

双极化天线一般分为垂直与水平极化和±45°极化两种方式，性能上一般后者优于前者，因此目前大部分采用的是±45°极化方式。双极化天线组合了＋45°和−45°两副极化方向相互正交的天线，并同时工作在收发双工模式下；同时由于±45°为正交极化，有效保证了分集接收的良好效果（其极化分集增益约为 5 dB，比单极化天线提高约 2 dB）。

5）天线的增益

天线增益是用来衡量天线朝一个特定方向收发信号的能力，它是衡量天线性能好坏的重要的参数之一。

增益是指在输入功率相等的条件下，实际天线与理想的辐射单元在空间同一点处所产生的信号的功率密度之比。天线增益的表达式为

$$G = 10\lg\left(\frac{P_2}{P_1}\right) \tag{3-2}$$

式中：P_1 为实际天线的功率；P_2 为理想辐射单元的功率。它定量地描述了一个天线把输入功率集中辐射的程度。增益显然与天线方向图有密切的关系，方向图主瓣越窄，副瓣越小，增益越高。可以这样来理解增益的物理含义——在一定的距离上的某点处产生一定大小的信号，如果用理想的无方向性点源作为发射天线，需要 126 W 的输入功率，而用增益为 $G = 18$ dB 的某定向天线作为发射天线时，输入功率只需 126 W/63 = 2 W。换言之，某天线的增益，就其最大辐射方向上的辐射效果来说，是指与无方向性的理想点源相比，把输入功率放大的倍数。

一般来说，增益的提高主要依靠减小垂直面向辐射的波瓣宽度，而在水平面上保持全向的辐射性能。

6）天线的波瓣宽度

方向图通常都有两个或多个瓣，其中辐射强度最大的瓣称为主瓣，其余的瓣称为副瓣或旁瓣。参见图 3.4.19(a)，在主瓣最大辐射方向两侧，辐射强度降低 3 dB(功率密度降低一半)的两点与天线原点的连线之间的夹角(锐角)定义为波瓣宽度(又称波束宽度或主瓣宽度或半功率角)。波瓣宽度越窄，方向性越好，作用距离越远，抗干扰能力越强。

还有一种波瓣宽度，即 10 dB 波瓣宽度，它是方向图中辐射强度降低 10 dB(功率密度降至 1/10)的两点与天线原点的连线之间的夹角，见图 3.4.19(b)。

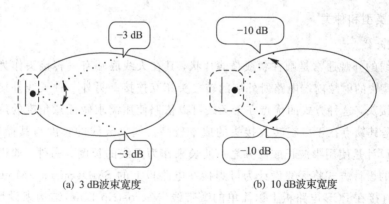

(a) 3 dB波束宽度　　　　　(b) 10 dB波束宽度

图 3.4.19 天线的波瓣模型

方向图中，前后瓣最大值之比称为前后比，记为 F/B，如图 3.4.20 所示。前后比越大，天线的后向辐射(或接收)越小。前后比 F/B 的计算十分简单，即

$$\frac{F}{B} = 10\lg\left(\frac{\text{前向功率密度}}{\text{后向功率密度}}\right) \tag{3-3}$$

对天线的前后比 F/B 有要求时，其典型值为 18 ~30 dB，特殊情况下则要求达 35~40 dB。天线主瓣宽度越窄，增益越高。对于一般天线，可用下式估算其增益

$$G(\text{dBi}) = 10\lg\left\{\frac{32\,000}{(2\theta 3\text{dB}, E) \times (2\theta 3\text{dB}, H)}\right\} \tag{3-4}$$

式中：$(2\theta 3 \text{ dB}, E)$ 与 $(2\theta 3 \text{ dB}, H)$ 分别为天线在两个主平面上的波瓣宽度；32 000 是统计出来的经验数据。

对于抛物面天线，可用下式近似计算其增益

$$G(\text{dBi}) = 10 \lg \left[4.5 \times \left(\frac{D}{\lambda_0} \right)^2 \right] \tag{3-5}$$

式中：D 为抛物面直径；λ_0 为中心工作波长；4.5 是统计出来的经验数据。

对于直立全向天线，有近似计算式

$$G(\text{dBi}) = 10 \lg \left[\frac{2L}{\lambda_0} \right] \tag{3-6}$$

式中：L 为天线长度；λ_0 为中心工作波长。

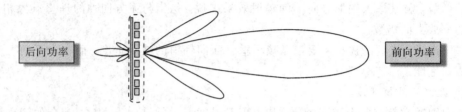

图 3.4.20　前向功率与后向功率

7) 前后比(Front-Back Ratio)

前后比表明了天线对后瓣抑制的好坏。选用前后比低的天线，天线的后瓣有可能产生越区覆盖，导致切换关系混乱，产生掉话。前后比一般在 25～30 dB 之间，应优先选用前后比为 30 dB 的天线。

2. 天线类型和种类

1) 偶极天线

偶极天线的外观通常是圆柱状或是薄片状，其在天线底端有一转接头作为能量馈入的装置，而与模块的射频前端电路所外接的转接头相互连接。另外一种天线外接方式是使用可旋转式转接头，这种方式的优点在于天线可以依照使用需求做任意角度的旋动以提高传输效果，但是其缺点在于可旋转式接头的成本较高。偶极天线的长度与其操作频率有关，一般常用的设计是使用半波长或四分之一波长来作为天线的长度。另外，偶极天线亦可以应用平面化的设计方式将天线设计为可焊接在电路板上的 SMD(Surface-Mounted Device)组件，或是直接在 PCB 电路板上以简单的微带线(Microstrip Line)结构来设计天线，如此可得到低成本的隐藏天线，并有助于产品外观的多样化设计。

2) PIFA 天线

PIFA 天线(倒置 F 型)是因其侧面结构与倒置的英文字母 F 外观相似而命名。PIFA 天线的操作长度只有四分之一操作波长，而且在其结构中已经包含有接地金属面，可以降低对模块中接地金属面的敏感度，所以非常适合用在无线通信模块装置中。另一方面，由于 PIFA 天线只需利用金属导体配合适当的馈入及天线短路到接地面的位置，故其制作成本低，而且可以直接与 PCB 电路板焊接在一起。PIFA 天线的金属导体可以使用线状或是片状，若以金属片状制作则可设计为 SMD 组件来焊接在电路板上达到隐藏天线的目的。有时为了支撑金属片不与接地金属面产生短路，通常会在金属片与接地面之间加入绝缘的介质，如果使用介电常数(Dielectric Constant)较高的绝缘材质，还可以缩小天线的尺寸。

3）陶瓷天线

陶瓷天线的种类可分为块状（Block）陶瓷天线与多层陶瓷天线，前者是使用高温（1000℃以上）将整块陶瓷体一次烧结完成后再将天线的金属部分印在陶瓷块的表面上；后者则采用低温共烧（Low Temperature Cofired）的方式将多层陶瓷迭压对位后再以 800～900℃的温度烧结，所以天线的金属导体可以依设计需要印在每一层陶瓷介质层上，这样便可有效缩小天线所需尺寸，并能达到隐藏天线设计布局的目的。由于陶瓷本身的介电常数较 PCB 电路板高，所以使用陶瓷当天线介质能有效缩小天线尺寸；在介电损耗（Dielectric Loss）方面，陶瓷介质也比 PCB 电路板的介电损耗更小，所以非常适用于低耗电率的无线通信模块。表 3.4.3 和表 3.4.4 所示为天线类型与性能对比。

表 3.4.3　天线类型

类　型	种　类	性能和成本	应用领域
On Board 板载式	PCB 蚀刻	性能受限，极低成本	集成于 RF 射频板
SMD 贴装式	陶瓷天线、金属片天线、PCB 天线	性能成本适中，便于安装、集成	适用于大批量的嵌入式射频模组
IPX 外接式	PCB＋CABLE FPC＋CABLE	高性能，灵活安装，成本适中	安装于客户终端设备
External 外置类	SMA 胶棒天线	高性能、独立性、成本高	安装于终端设备

表 3.4.4　天线性能

天线种类	天线尺寸（空间）	性能参数
板载天线	2 mm×5 mm	增益：−1～1.2 dB 效率：20%～35%
贴片及插件天线	20 mm×7 mm×1(10)mm （陶瓷 5 mm×2 mm×1 mm）	增益：2.0～3.5 dB 效率：40%～55%
外接式	40 mm×5 mm×1 mm	增益：3～5 dB 效率：35%～75%

3. 设计实例

1）倒置 F 型 PCB 天线

这种类型的天线，实际测量到的最大增益可达 3.3 dB，而整个天线在 PCB 板的设计时总共需要占用 25.7 mm×7.5 mm 的面积，并且 PCB 板的这部分不能布设其他器件，PCB 天线的背面也不能铺地敷铜。这种 PCB 天线的设计相对简单，但所占的面积较大，作为一类全向天线，它在 XYZ 坐标系的 3 个面上的增益差别不大。倒置 F 型 PCB 天线的设计样式及设计参数如图 3.4.21 所示。

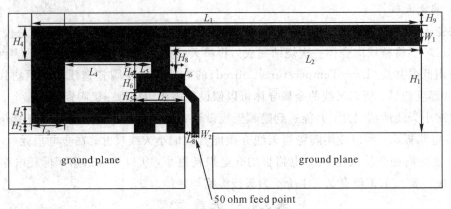

H_1	5.70 mm	W_2	0.46 mm
H_2	0.74 mm	L_1	25.58 mm
H_3	1.29 mm	L_2	16.40 mm
H_4	2.21 mm	L_3	2.18 mm
H_5	0.66 mm	L_4	4.80 mm
H_6	1.21 mm	L_5	1.00 mm
H_7	0.80 mm	L_6	1.00 mm
H_8	1.80 mm	L_7	3.20 mm
H_9	0.61 mm	L_8	0.45 mm
W_1	1.21 mm		

图 3.4.21　倒置 F 型 PCB 天线样式及参数

2）小尺寸 PCB 天线

TI 官方提供的另外一种 2.4 GHz 频率上的 PCB 天线设计实际上也是一种倒置 F 型板载内置天线。它也同样需要在对 PCB 板的设计时专门为其预留一块空间，并且不能布设其他元件和铺地敷铜；也同样是一种全向天线。它与第一种天线的不同点体现在以下几方面：

（1）其占用的 PCB 板面积更小，只需要 15.2 mm×5.7 mm 的面积即可。

（2）它在实现时，拐角较多，对于精度要求很高的高频通信领域，在设计上增加了一定的难度。

（3）尽管占用空间很小，但其增益可以达到更高，测量最大值可达 5.3 dB。

这种天线的方案样式及设计参数如图 3.4.22 所示。

3）外接高增益天线

与以上两种内置的 PCB 板载天线不同，外接高增益天线需要将天线外置，即在节点电路板上布设一个 5 芯天线插座，四周 4 个芯同时接地，提高了抗干扰能力，中间一个引脚与 50 Ω 匹配阻抗的接入点直接相连。它同样作为一种全向天线的设计方案，其发射增益可达 7~8 dB。但它也有自己的缺点，如在对节点的外形及尺寸要求较高的情况下，外接的天线需要在空间上占用很大的一块体积，可能不适用于一些场合。同时外接天线在外形上降低了用户的可接收度，对相关成果的市场产品化有一定的影响。

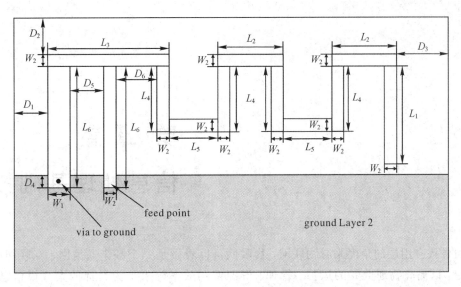

图 3.4.22　小尺寸 PCB 天线样式及参数

L_1	3.94 mm
L_2	2.70 mm
L_3	5.00 mm
L_4	2.64 mm
L_5	2.00 mm
L_6	4.90 mm
W_1	0.90 mm
W_2	0.50 mm
D_1	0.50 mm
D_2	0.30 mm
D_3	0.30 mm
D_4	0.50 mm
D_5	1.40 mm
D_6	1.70 mm

习　题

3.1　有线网络的优势有哪些?

3.2　无线网络的主要功能是什么?

3.3　OSI 参考模型分为几层? 每层的作用分别是什么?

3.4　现场总线的特点有哪些?

3.5　ZigBee 技术的特点是什么?

3.6　2.4 GHz 射频天线的设计指标有哪些?

第 *4* 章
信息处理基础技术

如果从应用层的角度来看物联网，物联网可以看做是一个基于通信网、互联网或专用网络的，以提高物理世界的运行、管理、资源使用效率等水平为目标的大规模信息系统。这一信息系统的数据来自于感知层对物理世界的感应，并将产生大量引发应用层深度互联和跨域协作需求的事件，从而使得上述大规模信息系统表现出如下特性：

（1）数据实时采集，具有明显实效特征。物联网对物理世界信息进行实时采集，对所采集数据进行分析处理，并进行快速的反馈和管理，具有明显的实效性特征，这就对应用层需要对信息进行快速处理提出了要求。

（2）事件高度并发，具有不可预见性。物联网对物理世界的感知往往具有多个维度，并且状态处于不断变化之中，因此会产生大量不可预见的事件，从而要求物联网应用层具有更强的适应能力。

（3）基于海量数据的分析挖掘。感知层信息的实时采集特性决定了必然产生海量的数据，这除了存储要求之外，更为重要的是基于这些海量数据的分析挖掘，以预判未来的发展趋势，这样才能实现实时的精准控制和决策支撑。

（4）自主智能协同。物联网感知事件的实时性和并发性，需要应对大量事件应用的自动关联和即时自主智能协同，提升对物联网世界的综合管理水平。

在物联网这个大信息系统中包含多种处理信息技术，本章将对涉及的技术进行介绍。

4.1 大 数 据 技 术

移动互联网、物联网和云计算技术的迅速发展开启了移动云时代的序幕，大数据（Big Data）也越来越吸引人们的视线。正如 1982 年世界预测大师、未来学家约翰·奈斯比特（John Naisbitt）在他的著作 Megatrends：Ten New Directions Transforming Our Lives 一书中所提到的："我们现在大量生产信息，正如过去我们大量生产汽车一样""人类正被信息淹没，却饥渴于知识"，诸如此类的预言均在当下得到了充分的证实，这也恰恰说明，世界正处于一个信息爆炸的时代。

Internet 的出现缩短了人与人、人与世界之间的距离，整个世界连成一个"地球村"，人们通过网络无障碍交流、交换信息和协同工作。与此同时，借助 Internet 的高速发展、数据库技术的成熟和普及、高内存、高性能的存储设备和存储介质的出现，人类在日常学习、生活、工作中产生的数据量正以指数形式增长，呈现"爆炸"状态。"大数据问题"（Big Data Problem）就是在这样的背景下产生的，成为科研学术界和相关产业界的热门话题，并作为信息技术领域的重要前沿课题之一，吸引着越来越多的科学家研究大数据带来的相关问题。

4.1.1　大数据的基本概念

现在的社会是一个信息化、数字化的社会，随着互联网、物联网和云计算技术的迅猛发展，数据成为一种新的资源，亟待人们对其加以合理、高效、充分的利用，使之能够给人们的生活和工作带来更大的效益和价值。在这种背景下，数据的数量不仅以指数形式递增，而且数据的结构越来越趋于复杂化，这就赋予了"大数据"不同于以往普通数据的更加深层的内涵。

1. 大数据概念的提出

1989 年，Gartner Group 的 Howard Dresner 首次提出"商业智能"（Business Intelligence）这一术语。商业智能通常被理解为将企业中现有的数据转化为知识、帮助企业做出明智的业务经营决策的工具，主要目标是将企业所掌握的信息转换成竞争优势，提高企业决策能力、决策效率和决策准确性。为了将数据转化为知识，需要利用数据仓库、联机分析处理（OLAP）工具和数据挖掘（Data Mining）等技术。随着互联网的发展，企业收集到的数据越来越多，数据结构越来越复杂，一般的数据挖掘技术已经不能满足大型企业的需要，这就使得企业在收集数据之余，也开始有意识地寻求新的方法来解决大量数据无法存储和处理分析的问题。由此，IT 界诞生了一个新的名词——"大数据"。

对于"大数据"的概念，目前来说并没有一个明确的定义。多个企业、机构和数据科学家对于大数据的理解阐述虽然描述不一，但都存在一个共识，即"大数据"的关键是从数量庞大、种类繁多的数据中快速获取信息。维基百科中将大数据定义为：所涉及的资料量规模巨大到无法通过目前主流软件工具，在合理时间内达到撷取、管理、处理，并整理成为可帮助企业进行决策的资讯。IDC 将大数据定义为：为更经济地从高频率的、大容量的、不同结构和类型的数据中获取价值而设计的新一代架构和技术。信息专家涂子沛在《大数据》一书中提出："大数据"之"大"，并不仅仅指"容量大"，更大的意义在于通过对海量数据的交换、整合和分析，发现新的知识，创造新的价值，带来"大知识""大科技""大利润"和"大发展"。

从"数据"到"大数据"，不仅仅是数量上的差别，更是数据质量的提升。传统意义上的数据处理方式包括数据挖掘、数据仓库、联机分析处理等，而在"大数据时代"，数据已经不仅仅是需要分析处理的内容，更重要的是人们需要借助专用的思想和手段从大量看似杂乱、繁复的数据中收集、整理和分析数据，以支撑社会生活的预测、规划和商业领域的决策。

2. 物联网产生的大数据

物联网是新一代信息技术的重要组成部分，实现了物与物、人与物、人与人之间的互联。就本质而言，人与机器、机器与机器的交互，大都是为了实现人与人之间的信息交互而产生的。在这种信息交互的过程中，催生了从信息传送到信息感知再到面向信息分析处理的应用。人们接收日常生活中的各种信息，将这些信息传送到数据中心，利用数据中心的智能分析决策得出信息处理结果，再通过互联网等信息通信网络将这些数据信息传递到四面八方，而在互联网终端的设备利用传感网等设施接收信息并提取有用的信息，得到自己想要的数据结果。

目前，物联网在智能工业、智慧农业、智慧交通、智能电网、节能建筑和安全监控等行业都有广泛的应用。网络上流通的数据大幅度增长，从而催生了大数据的出现。

4.1.2 大数据处理流程

从大数据的特征和产生领域来看，大数据的来源相当广泛，由此产生的数据类型和应用处理方法千差万别。但是总的来说，大数据的基本处理流程大都是一致的。目前，大数据的处理流程基本可划分为数据采集、数据处理与集成、数据分析和数据解释 4 个阶段。整个大数据处理流程如图 4.1.1 所示，即经数据源获取的数据，因为其数据结构（包括结构

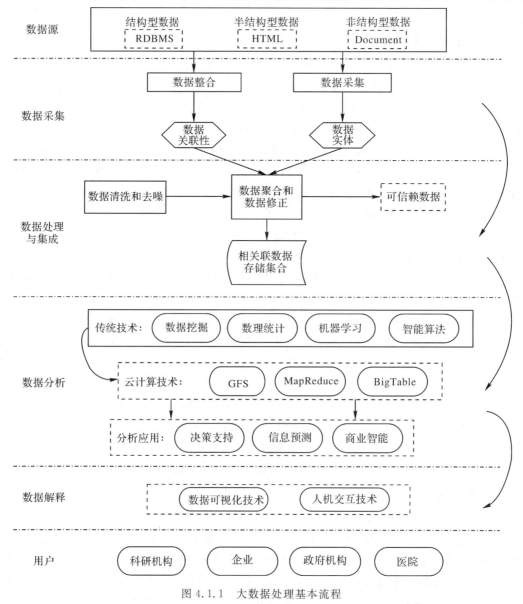

图 4.1.1 大数据处理基本流程

型、半结构型和非结构型数据)不同,用特殊方法进行数据处理和集成,将其转变为标准的数据格式以方便对其进行处理,然后用合适的数据分析方法将这些数据进行处理分析,并将分析的结果利用可视化等技术展现给用户,这就是整个大数据处理的流程。

1. 数据采集

大数据的"大",原本就意味着数量多、种类复杂,因此,通过各种方法获取数据信息便显得格外重要。数据采集是大数据处理流程中最基础的一步,目前常用的数据采集手段有传感器收取、射频识别、数据检索分类工具(如百度和谷歌等搜索引擎)以及条形码技术等。并且由于移动设备的出现,如智能手机和平板电脑的迅速普及,大量移动软件被开发应用,社交网络逐渐庞大,这也加速了信息的流通速度,提高了数据的采集精度。

2. 数据处理与集成

数据的处理与集成主要是对已经采集到的数据进行适当的处理、清洗、去噪以及进一步的集成存储。

大数据的特点之一就是数据的多样性。这就决定了经过各种渠道获取的数据种类和结构都非常复杂,给后续的数据分析处理带了极大的困难。在数据处理与集成这一步,首先将这些结构复杂的数据转换为单一的或是便于处理的结构,为以后的数据分析打下良好的基础。因为并不是这些数据里所有的信息都是必需的,而是会掺杂很多噪音和干扰项,因此,还需对这些数据进行去噪和清洗,以保证数据的质量以及可靠性。常用的方法是在数据处理的过程中设计一些数据过滤器,通过聚类或关联分析的规则方法将无用或错误的离群数据挑出来过滤掉,防止其对最终数据结果产生不利影响。最后,将这些整理好的数据进行集成和存储,这是很重要的一步,若是随意地放置数据,则会对以后的数据取用造成影响,很容易导致数据访问性方面的问题。现在一般的解决方法是针对特定种类的数据建立专门的数据库,将这些不同种类的数据信息分门别类地放置,可以有效地减少数据查询和访问的时间,提高数据提取速度。

3. 数据分析

数据分析是整个大数据处理流程里最核心的部分,因为在数据分析的过程中会发现数据的价值所在。

经过数据的处理与集成后,所得的数据便成为数据分析的原始数据,根据所需数据的应用需求对数据进行进一步的处理和分析。传统的数据处理分析方法有数据挖掘、机器学习、智能算法、统计分析等,而这些方法已经不能满足大数据时代数据分析的需求。在数据分析技术方面,Google 作为互联网大数据应用最为广泛的公司,于 2006 年率先提出了"云计算"的概念,其内部各种数据的应用都是依托 Google 内部研发的一系列云计算技术,例如分布式文件系统 GFS、分布式数据库 BigTable、批处理技术 MapReduce 以及开源实现平台 Hadoop 等。这些技术平台的产生,提供了对大数据进行处理、分析的很好的手段。

4. 数据解释

广大的数据信息用户最关心的并非是数据的分析处理过程,而是对大数据分析结果的解释与展示,因此,在一个完善的数据分析流程中,数据结果的解释步骤至关重要。若数据分析的结果不能得到恰当的显示,就会对数据用户产生困扰,甚至会误导用户。传统的数据显示方式是用文本形式下载输出或用户个人电脑显示处理结果。但随着数据量的加大，数据分析结果往往也更加复杂，用传统的数据显示方法已经不能满足数据分析结果输出的需求。因此，为了提升数据解释、展示能力，现在大部分企业都引入了"数据可视化技术"作为解释大数据的方式。通过可视化结果分析，可以形象地向用户展示数据分析结果，更方便用户对结果的理解和接受。常见的可视化技术有基于集合的技术、基于图标的技术、基于图像的技术、面向像素的技术和分布式技术，等等。

4.2　云计算技术

云计算(Cloud Computing)是一种基于互联网的计算方式，通过这种方式，共享的软硬件资源和信息可以按需提供给计算机和其他设备。云其实是网络、互联网的一种比喻说法。云计算的核心思想是将大量用网络连接的计算资源进行统一管理和调度，构成一个计算资源池向用户提供按需服务。提供资源的网络被称为"云"。狭义云计算指 IT 基础设施的交付和使用模式，即通过网络以按需、易扩展的方式获得所需资源；广义云计算指服务的交付和使用模式，即通过网络以按需、易扩展的方式获得所需服务。这种服务可以是 IT 和软件、互联网相关，也可以是其他服务。

4.2.1　云计算的特点

从现有的云计算平台来看，它与传统的单机和网络应用模式相比，具有如下特点：

(1) 虚拟化技术。这是云计算最突出的特点，包括资源虚拟化和应用虚拟化。每一个应用部署的环境和物理平台是没有关系的。通过虚拟平台进行管理可实现对应用的扩展、迁移、备份，这些操作均通过虚拟化层次完成。

(2) 动态可扩展。通过动态扩展虚拟化的层次达到对应用进行扩展的目的。可以实时将服务器加入到现有的服务器机群中，增加"云"的计算能力。

(3) 按需部署。用户运行不同的应用需要不同的资源和计算能力。云计算平台可以按照用户的需求部署资源和计算能力。

(4) 高灵活性。现在大部分的软件和硬件都对虚拟化有一定支持，各种 IT 资源，如软件、硬件、操作系统、存储网络等所有要素通过虚拟化，放在云计算虚拟资源池中进行统一管理。同时，云计算平台能够兼容不同硬件厂商的产品，兼容低配置机器和外设而获得高性能计算的能力。

(5) 高可靠性。虚拟化技术使得用户的应用和计算分布在不同的物理服务器上面，即使单点服务器崩溃，仍然可以通过动态扩展功能部署新的服务器并将其作为资源和计算能力添加进来，保证应用和计算的正常运转。

(6) 高性价比。云计算采用虚拟资源池的方法管理所有资源，对物理资源的要求较低。例如，廉价的 PC 组成云，其计算性能却可超过大型主机。

4.2.2　云计算的服务模式

云计算的三个服务模式(Delivery Models)是 SaaS、PaaS 和 IaaS。

(1) SaaS(Software-as-a-Service，软件即服务)：提供给客户的服务是运营商运行在云计算基础设施上的应用程序，用户可以在各种设备上通过客户端界面(如浏览器)访问。消费者不需要管理或控制任何云计算基础设施，包括网络、服务器、操作系统、存储，等等。

(2) PaaS(Platform-as-a-Service，平台即服务)：提供给消费者的服务是把客户收购的或采用提供的开发语言和工具(例如 Java、Python、.Net 等)所开发的应用程序部署到供应商的云计算基础设施上。客户不需要管理或控制底层的云基础设施，包括网络、服务器、操作系统、存储等，但客户能控制部署的应用程序，也可能控制运行应用程序的托管环境配置。

(3) IaaS(Infrastructure-as-a-Service，基础设施即服务)：提供给消费者的服务是对所有设施的利用，包括处理、存储、网络和其他基本的计算资源，用户能够部署和运行任意软件，包括操作系统和应用程序。消费者不需要管理或控制任何云计算基础设施，但能控制操作系统的选择、储存空间、部署的应用，也有可能获得有限制的网络组件(如防火墙、负载均衡器等)的控制。

目前世界大多数互联网公司都开始布局云计算，Google、华为、BAT、亚马逊也都已经将云计算成熟运用于自己的生态系统，并产生了巨大的效益。无论是收费的云计算服务还是开源云计算的研究在国内外都受到广泛关注，云计算在未来各个领域具有很大的潜力。

4.2.3　云计算的关键技术

云计算系统运用了许多技术，其中以编程模型、数据存储技术、数据管理技术、虚拟化技术和云计算平台管理技术最为关键。

1. 编程模型

MapReduce 是 Google 开发的 Java、Python、C++编程模型，它是一种简化的分布式编程模型和高效的任务调度模型，用于大规模数据集(大于 1 TB)的并行运算。严格的编程模型使云计算环境下的编程十分简单。MapReduce 模式的思想是将要执行的问题分解成 Map(映射)和 Reduce(化简)的方式，先通过 Map 程序将数据切割成不相关的区块，分配(调度)给大量计算机处理，达到分布式运算的效果，再通过 Reduce 程序将结果汇总输出。

2. 海量数据分布存储技术

云计算系统由大量服务器组成，同时为大量用户服务，因此云计算系统采用分布式存储的方式存储数据，用冗余存储的方式保证数据的可靠性。云计算系统中广泛使用的数据存储系统是 Google 的 GFS 和 Hadoop 团队开发的 GFS 的开源实现 HDFS。

GFS 即 Google 文件系统(Google File System)，是一个可扩展的分布式文件系统，用于大型的、分布式的、对大量数据进行访问的应用。GFS 的设计思想不同于传统的文件系统，它是针对大规模数据处理和 Google 应用特性而设计的。它运行于廉价的普通硬件上，但可以提供容错功能。它可以给大量的用户提供总体性能较高的服务。

一个 GFS 集群由一个主服务器(Master)和大量的块服务器(Chunk Server)构成，并被许多客户(Client)访问。主服务器存储文件系统中所有的元数据，包括名字空间、访问控制信息、从文件到块的映射以及块的当前位置。它也控制系统范围的活动，如块租约(Lease)

管理、孤儿块的垃圾收集、块服务器间的块迁移。主服务器定期通过 Heart Beat 消息与每一个块服务器通信，给块服务器传递指令并收集它的状态。GFS 中的文件被切分为 64 MB 的块并以冗余存储，每份数据在系统中保存 3 个以上备份。

客户与主服务器的交换只限于对元数据的操作，所有数据方面的通信都直接通过块服务器，这大大提高了系统的效率，防止主服务器负载过重。

3. 海量数据管理技术

云计算需要对分布的、海量的数据进行处理和分析，因此，数据管理技术必须能够高效地管理大量的数据。云计算系统中的数据管理技术主要是 Google 的 BT(Big Table)数据管理技术和 Hadoop 团队开发的开源数据管理模块 HBase。

BT 是建立在 GFS、Scheduler、Lock Service 和 MapReduce 之上的一个大型的分布式数据库，与传统的关系数据库不同，它把所有数据都作为对象来处理，形成一个巨大的表格，用来分布存储大规模结构化数据。

Google 的很多项目使用 BT 来存储数据，包括网页查询、Google Earth 和 Google 金融。这些应用程序对 BT 的要求各不相同，有些应用程序对数据大小（从 URL 到网页再到卫星图像）的要求不同，有些应用对反应速度（从后端的大批处理到实时数据服务）的要求不同。对于不同的要求，BT 都成功地提供了灵活高效的服务。

4. 虚拟化技术

通过虚拟化技术可实现软件应用与底层硬件相隔离，它包括将单个资源划分成多个虚拟资源的裂分模式，也包括将多个资源整合成一个虚拟资源的聚合模式。虚拟化技术根据对象可分成存储虚拟化、计算虚拟化、网络虚拟化等，计算虚拟化又分为系统级虚拟化、应用级虚拟化和桌面虚拟化。

5. 云计算平台管理技术

云计算资源规模庞大，服务器数量众多并分布在不同的地点，同时运行着数百种应用，如何有效地管理这些服务器，保证整个系统提供不间断的服务是巨大的挑战。

云计算系统的平台管理技术能够使大量的服务器协同工作，方便地进行业务部署和开通，快速发现和恢复系统故障，通过自动化、智能化的手段实现大规模系统的可靠运营。

4.2.4　云计算平台搭建

目前开源的云计算平台的搭建都要依托 Linux 系统，因此有两种办法搭建云计算平台：安装 Linux 系统和在其他操作系统下安装 Linux 虚拟机后搭建云平台。目前主流的虚拟机有 Virtual Box 和 Vmware；几大开源云平台系统有 Hadoop 系统和 Open Stack。本书所采用的搭建办法为 Ubuntu14.04 系统＋Hadoop 系统＋SSH 框架。

1. Hadoop 系统原理

Hadoop 是一个开源的可运行于大规模集群上的分布式并行编程框架，其最核心的设计包括 MapReduce 和 HDFS。基于 Hadoop，可以轻松地编写可处理海量数据的分布式并行程序，并将其运行于由成百上千个节点组成的大规模计算机集群上。

　　MapReduce 框架的核心步骤主要分为 Map 和 Reduce。"Map"就是将一个任务分解成为多个子任务并行执行，"Reduce"就是将分解后多任务处理的结果汇总起来，得出最后的分析结果并输出。当用户向 MapReduce 框架提交一个计算作业时，它会首先把计算作业拆分成若干个 Map 任务，然后分配到不同的节点上去执行，每一个 Map 任务处理输入数据中的一部分，当 Map 任务完成后，它会生成一些中间文件，这些中间文件将会作为 Reduce 任务的输入数据。Reduce 对数据做进一步处理之后，输出最终结果。

　　MapReduce 作为 Hadoop 的核心技术之一，为分布式计算的程序设计提供了良好的编程接口，并且屏蔽了底层通信原理，使得程序员只需关心业务逻辑本身，就可轻易地编写出基于集群的分布式并行程序。

　　适合用 MapReduce 来处理的数据集（或任务）有一个基本要求：待处理的数据集可以分解成许多小的数据集，而且每一个小数据集都可以完全并行地进行处理。

　　想要彻底了解 Hadoop 系统的原理是十分困难的，由于篇幅有限，本书对此不再展开，在这里不妨就理解为：Hadoop 系统＝HDFS 分布式文件系统＋MapReduce 运算机制。图 4.2.1 所示为 Hadoop 系统架构。

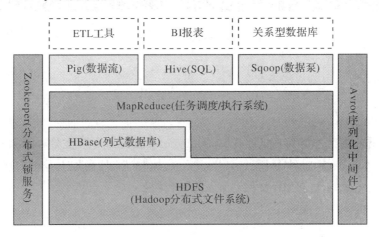

图 4.2.1　Hadoop 系统架构

2. Hadoop 系统部署

1）修改机器名

　　打开/etc/hostname 文件，将/etc/hostname 文件中的 Ubuntu 改为用户设置的机器名。这里取"s15"。重启系统后才会生效。

2）安装 ssh 服务

　　在 terminal 窗口中输入：

　　　Sudoa apt－get install open ssh－server

　　建立 ssh 无密码登录本机

　　在 terminal 窗口中输入：

　　　ssh－keygen－t dsa－P″－f ~/.ssh/id_dsa

　　　cat ~/.ssh/id_dsa.pub ＞＞ ~/.ssh/authorized_keys

　　得到图 4.2.2 所示界面说明操作正确。

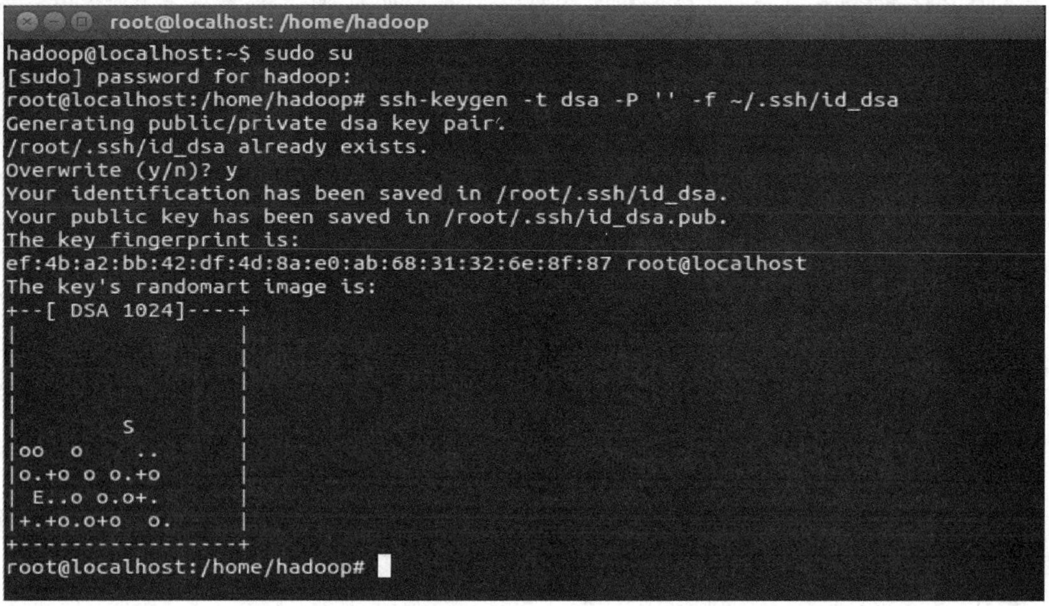

```
root@localhost: /home/hadoop
hadoop@localhost:~$ sudo su
[sudo] password for hadoop:
root@localhost:/home/hadoop# ssh-keygen -t dsa -P '' -f ~/.ssh/id_dsa
Generating public/private dsa key pair.
/root/.ssh/id_dsa already exists.
Overwrite (y/n)? y
Your identification has been saved in /root/.ssh/id_dsa.
Your public key has been saved in /root/.ssh/id_dsa.pub.
The key fingerprint is:
ef:4b:a2:bb:42:df:4d:8a:e0:ab:68:31:32:6e:8f:87 root@localhost
The key's randomart image is:
+--[ DSA 1024]----+
|                 |
|                 |
|                 |
|                 |
|        S        |
|oo  o     ..     |
|o.+o o o.+o      |
| E..o o.o+.      |
|+.+o.o+o  o.     |
+-----------------+
root@localhost:/home/hadoop# █
```

图 4.2.2　ssh 无密码登录本机

3）登录 local host

在 terminal 窗口中输入如下代码：

　　　bin/start – all. sh

4）安装 Hadoop

下载 Hadoop 安装包并解压，打开 Hadoop/conf/Hadoop. sh 文件，配置 conf/Hadoop. sh；找到"♯export JAVA_HOME＝..."一行，去掉"♯"，然后加上本机 JDK 的路径。

打开 conf/core – site. XML 文件，加入如下代码：

　　　＜configuration＞

　　　＜property＞

　　　＜name＞fs. default. name＜/name＞

　　　＜value＞hdfs：//localhost：9000＜/value＞

　　　＜/property＞

　　　＜/configuration＞

打开 conf/map red – site. XML 文件，编辑如下代码：

　　　＜configuration＞

　　　＜property＞

　　　＜name＞mapred. job. tracker＜/name＞

　　　＜value＞localhost：9001＜/value＞

　　　＜/property＞

　　　＜/configuration＞

打开 conf/masters 文件和 conf/slaves 文件，添加 secondary 的主机名。若为单机版环境，此处只需填写 local host 即可。

到这里 Hadoop 系统就部署完毕了。调用 bin/start – all. sh 命令即可以启动 Hadoop，用 JSP 命令查看系统状态，出现图 4.2.3 所示信息说明系统部署成功。

```
root@localhost:/usr/local/hadoop# jps
4553 Jps
8390 NameNode
8649 SecondaryNameNode
8742 JobTracker
8515 DataNode
8890 TaskTracker
```

图 4.2.3　用 JSP 命令查看系统状态

根据以上步骤，可搭建一个云计算平台。

4.2.5　云计算在物联网中的应用

物联网是一个规模庞大的信息计算系统，它需要一个强有力的平台提供计算和存储服务来支撑其应用需求。云计算系统具备强大的数据计算能力和海量存储空间，正好能够满足物联网对计算资源和存储资源的需求。下面从可用性、可靠性、数据资源共享三个方面分析云计算数据管理技术在物联网环境中的应用。

(1) 可用性：云计算数据管理技术中的存储资源采用集中存放管理、分布式调度，能够大大地提高物联网数据的存取速度。云计算平台的分布式存储架构可以实现对数据的并行读写，正好满足物联网中并发业务的数据存取需求。云计算数据管理技术采用弹性存储空间扩展技术和虚拟化技术来满足物联网对存储资源时空性（动态扩展存储空间、负载均衡功能）的需求。

(2) 可靠性：这主要是从对数据存储的安全性方面来说的。云计算数据管理技术通过以下两种方法来保证物联网数据存储的可靠性：一是加强数据管理系统的容错性，增加备份数据；二是通过全网全资源监控管理来保障系统各环节的健壮性。

(3) 数据资源共享：云计算数据管理技术通过将收集到的海量感知信息按照物联网的应用需求统一存放在不同的数据中心，这种集中存放的模式通过高速传输的互联网使得物联网平台的数据共享更为方便，并可提高物联网平台共享数据的访问速度。

云计算提供的数据管理技术解决了物联网所面临的海量数据处理难题，是物联网平台中一种比较好的数据处理解决方案。

4.3　机器学习技术

机器学习（Machine Learning，ML）是一门多领域交叉学科，涉及概率论、统计学、逼近论、凸分析、算法复杂度理论等多门学科。机器学习专门研究计算机怎样模拟或实现人类的学习行为，以获取新的知识或技能，重新组织已有的知识结构使之不断改善自身的性能。一个典型的机器学习系统如图 4.3.1 所示。

图 4.3.1 中，系统 S 是研究的对象，它在给定一个输入 X 的情况下，得到一定的输出 Y，学习机的输出为 Y'。机器学习的目的是根据给定的训练样本求取系统输入、输出之间的依赖关系的估计，使它能够对未知的输出做出尽可能准确的预测。

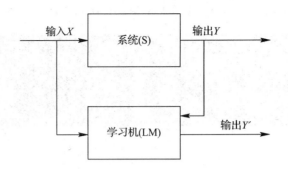

图 4.3.1　机器学习系统框图

4.3.1　机器学习的基本概念

根据输入的训练数据中包含的经验情况，可以分为监督学习(Supervised Leaning)、无监督学习(Unsupervised Learning)和强化学习(Reinforcement Learning)。

监督学习又被称为有教师学习，是指利用一组已知类别的样本调整分类器的参数，使其达到所要求性能的过程，主要用于新数据的分类问题。监督学习的最终目标是根据在学习过程中所获得的经验、技能，对没有学习过的问题也可以做出正确解答，使计算机获得这种泛化能力。

无监督学习是指在没有教师的情况下，学生自学的过程。在机器学习中，无监督学习基本上都是计算机在互联网中自动收集信息，并从中获取有用信息。最常用的无监督学习方法是聚类分析。

强化学习是指通过自主学习不断尝试错误，目的是为了获得更高的奖励。在某些应用中，系统的输出是动作(Action)序列。在这种情况下，单个的动作并不重要，重要的是策略(Policy)，即达到目标所需的正确动作的序列。不存在中间状态中最好动作这种概念。如果一个动作是好的策略的组成部分，那么该动作就是好的。这种情况下，机器学习程序就应当能够评估策略的好坏程度，并从以往好的动作序列中学习，以便能够产生策略。

从实践的意义上来说，机器学习是一种通过利用数据，训练出模型，然后使用模型进行预测的一种方法。在机器学习过程中，每个数据集可分成两个子集，一个用于构建模型，该数据集称为训练集(Training Set)，另一个用于评估构建好的模型，该数据集称为测试集(Test Set)。

分类问题是机器学习中的一个常见问题。以二分类问题为例，即将实例分成正类(Positive)或者负类(Negative)，但是实际中分类时，会出现四种情况：① 若一个实例是正类并且被预测为正类，即为真正类(True Positive，TP)；② 若一个实例是正类，但是被预测成为负类，即为假负类(False Negative，FN)；③ 若一个实例是负类，但是被预测成为正类，即为假正类(False Positive，FP)；④ 若一个实例是负类并且被预测成为负类，即为真负类(True Negative，TN)。

精确率(Precision)指的是模型判为正的所有样本中有多少是真正的正样本，即

$$\text{Precision} = \frac{\text{TP}}{\text{TP} + \text{FP}} \tag{4-1}$$

召回率(Recall)指的是所有正样本中有多少被模型判为正样本，即

$$Recall = \frac{TP}{TP + FN} \qquad\qquad (4-2)$$

召回率体现了分类模型对正样本的识别能力，召回率越高，说明模型对正样本的识别能力越强；精确率体现了模型对负样本的区分能力，精确率越高，说明模型对负样本的区分能力越强。

通过学习训练样本之后的机器学习模型能够识别新的样本的能力，称为泛化。好的机器学习模型的模板目标是从问题领域内的训练数据到任意的数据上泛化性能良好。这使得模型可以对没有见过的数据进行预测。

在机器学习领域中，讨论一个机器学习模型学习和泛化的好坏时，通常使用的术语为过拟合和欠拟合。过拟合和欠拟合是机器学习算法表现差的两大原因。

过拟合指的是模型对于训练数据拟合程度过当的情况。当某个模型过度地学习训练数据中的细节和噪音，以至于模型在新的数据上表现很差，这种情况称为过拟合。这意味着训练数据中的噪音或者随机波动也被当做概念被模型学习了。而问题就在于这些概念不适用于新的数据，从而导致模型泛化性能变差。

欠拟合指的是模型在训练和预测时表现都不好的情况。一个欠拟合的机器学习模型不是一个良好的模型。欠拟合通常不被讨论，因为给定一个评估模型表现的指标的情况下，欠拟合很容易被发现。矫正方法是继续学习并且试着更换机器学习算法。虽然如此，欠拟合与过拟合形成了鲜明的对照。过拟合表现为在训练数据上表现良好，在未知数据上表现差；欠拟合表现为在训练数据和未知数据上表现都很差。

由于需要对大量数据进行分析，因此机器学习方面的研究需要微积分、线性代数、概率论等核心数学知识，但不是全部知识。随着今后人类对机器学习的深入研究，将有更多的数学分支进入机器学习领域。因此，机器学习方面的研究还需要其他数学分支理论，比如泛函分析、复变函数、偏微分方程、抽象代数、约束优化、模糊数学、数值计算等。

4.3.2　聚类分析

聚类就是将物理或抽象对象的集合分为由类似的对象组成的多个类的过程。由聚类所生成的簇是一组数据对象的集合，这些对象与同一簇中的对象彼此相似，与其他簇中的对象相异。聚类分析是一种无监督的过程，即对没有概念标记（分类）的训练样本进行学习，以发现训练样本集中的结构性知识。它与分类的根本区别在于：分类是需要一开始就知道所根据的特征，而聚类是要准确地找到数据的特征，因此在许多的应用中，聚类分析是一种数据预处理的过程，是进一步解析和处理数据的根本。它已经被广泛地应用于统计学、机器学、空间数据库、生物学以及市场营销等领域，还可以作为独立的数据挖掘工具来了解数据分布，或者作为其他数据挖掘算法（如关联规则、分类等）的预处理步骤。聚类算法可以分为基于层次的方法、基于距离度量的方法、基于划分的方法、基于网格的方法、基于密度的方法和基于模型的方法。

1. 数据的相似性度量

聚类分析按照样本点之间的亲疏远近程度进行分类。为了使类分得合理，必须描述样本之间的亲疏远近程度。衡量聚类样本点之间的亲疏远近程度的主要方法是利用距离度量的方法，常用的距离度量方法有欧几里得距离、余弦距离和马氏距离等，下面分别对这几种距离进行了阐述。给定数据集 $Z = \{z_1, z_2, \cdots, z_p, \cdots, z_{N_p}\}$，其中 z_p 是 N_d 维特征空间中的一个特征向量，而 N_p 是特征空间 Z 中特征向量的个数。

1）欧几里得距离

欧几里得距离又称为欧氏距离，它的定义为

$$d(z_u, z_w) = \sqrt{\sum_{j=1}^{N_d} (z_{u,j} - z_{w,j})^2} = \| z_u - z_w \| \qquad (4-3)$$

欧氏距离即两项间的差是每个变量值差的平方和的平方根，目的是计算其间的整体距离（不相似性）。欧氏距离虽然简单而且最常用，但是它有一个缺点是它将样本的不同属性（即各指标或各变量）之间的差别等同看待。这一点在很多的应用中都不能满足要求。

2）余弦距离

余弦距离定义为

$$\langle z_u, z_w \rangle = \frac{\sum_{j=1}^{N_d} z_{u,j} z_{w,j}}{\| z_u \| \| z_w \|} \qquad (4-4)$$

式中 $\langle z_u, z_w \rangle \in [-1, 1]$。余弦距离是通过测量两个向量内积空间的夹角的余弦值来度量它们之间的相似性。余弦距离可以用在任何维度的向量比较中，在高维正空间中的利用尤为频繁。它通常用于文本挖掘中的文件比较。此外，在数据挖掘领域中，用它来衡量集群内部的凝聚力。

3）马氏距离

马氏距离是由印度统计学家马哈拉诺比斯提出的，它的定义为

$$d_{\mathrm{M}}^2(z_u, z_w) = (z_u - z_w)^{\mathrm{T}} \boldsymbol{\Sigma}^{-1} (z_u - z_w) \qquad (4-5)$$

式中 $\boldsymbol{\Sigma}$ 为协方差矩阵，且

$$\boldsymbol{\Sigma} = E[(Z - E(Z))(Z - E(Z))^{\mathrm{T}}]$$

$$= \begin{bmatrix} E[(Z_1 - E(Z_1))(Z_1 - E(Z_1))] & \cdots & E[(Z_1 - E(Z_1))(Z_{N_p} - E(Z_{N_p}))] \\ \vdots & \ddots & \vdots \\ E[(Z_{N_p} - E(Z_{N_p}))(Z_1 - E(Z_1))] & \cdots & E[(Z_{N_p} - E(Z_{N_p}))(Z_{N_p} - E(Z_{N_p}))] \end{bmatrix}$$

它是一种有效的计算两个未知样本集的相似度的方法。与欧氏距离不同的是它考虑到各种特性之间的联系，并且是与尺度无关的（Scale-Invariant），即独立于测量尺度。

2. 聚类方法

目前聚类算法包括基于层次的聚类方法、基于距离度量的聚类方法、基于划分的聚类方法和其他聚类方法。下面分别对这几种方法进行介绍。

1）基于层次的聚类方法

层次聚类算法是通过将数据组织为若干组并形成一个相应的树来进行聚类的。根据层次是自底向上还是自顶而下形成，层次聚类算法可以进一步分为凝聚型的聚类算法和分裂型的聚类算法。一个完全层次聚类的质量由于无法对已经完成的合并或分解进行调整而受到影响。但是层次聚类算法没有使用准则函数，它所含的对数据结构的假设更少，所以它的通用性更强。

凝聚的层次聚类采用自底向上的策略，它首先将每个对象作为一个簇，然后将这些原

子簇合并为越来越大的簇，直到所有的对象都在一个簇中，或者满足某个终结条件。大部分的层次聚类方法都属于一类，但它们在簇间的相似度的定义有些不同。

分裂的层次聚类与凝聚的层次聚类相反，采用自顶向下的策略，它首先将所有对象放在一个簇中，然后慢慢地细分为越来越小的簇，直到每个对象自行形成一簇，或者满足某个终结条件，例如满足了某个期望的簇数目，或者两个最近的簇之间的距离达到了某个阈值。

2）基于距离度量的聚类方法

在凝聚和分裂的层次聚类之间，依据计算簇间的距离的不同，可分为下面几类方法：

（1）单连锁（Single Linkage）方法，又称最近邻（Nearest Neighbor）方法，定义两个不一样的簇中任意两点之间的最近距离。这里的距离表示两点之间的相异度，所以距离越近，两个簇相似度越大。这种方法最适用于处理非椭圆结构。它对噪声和孤立点特别敏感，距离很远的两个类之中出现一个孤立点时，这个点就很有可能把两类合并在一起。距离公式为

$$d_{\min}(c_i, c_j) = \min_{p \in c_i, \, p' \in c_j} \mid p - p' \mid \tag{4-6}$$

式中：c_i、c_j 是两个类；$\mid p - p' \mid$ 为对象 p 和 p' 之间的距离。

（2）全连锁（Complete Linkage）方法，又称最远邻（Furthest Neighbor）方法，定义两个不一样的簇中任意两点之间的最远距离。它对噪声和孤立点很不敏感，趋向于寻求一些紧凑的分类，但是，有可能使比较大的簇破裂。距离公式为

$$d_{\max}(c_i, c_j) = \max_{p \in c_i, \, p' \in c_j} \mid p - p' \mid \tag{4-7}$$

（3）组平均方法（Group Average Linkage），定义距离为数据两两距离的平均值。这个方法倾向于合并差异小的两个类，产生的聚类具有相对的鲁棒性。距离公式为

$$d_{\text{avg}}(c_i, c_j) = \sum_{p \in c_i} \sum_{p' \in c_j} \frac{\mid p - p' \mid}{n_i n_j} \tag{4-8}$$

式中 n_i、n_j 分别为 c_i、c_j 的对象个数。

（4）平均值方法（Centroid Linkage），先计算各个类的平均值，然后定义平均值之差为两个类的距离。距离公式为

$$d_{\text{mean}}(c_i, c_j) = \mid m_i - m_j \mid \tag{4-9}$$

式中 m_i、m_j 分别为类 c_i、c_j 的平均值。

3）基于划分的聚类方法

给定一个数据库包含 N_p 个数据对象以及数目 K 的即将生成的簇，一个划分类的算法将对象分为 K 个划分，这里的每个划分分别代表一个簇，并且 $K \leqslant N_p$。数目 K 需要人为指定。基于划分的聚类方法一般从一个初始划分开始，然后通过重复的控制策略，使某个准则函数最优化。因此，它可以被看做是一个优化问题。基于划分的聚类方法的优缺点与基于层次的聚类方法的优缺点刚好相反，层次聚类算法的优点恰恰是划分聚类算法的缺点，反之亦然。根据它们之间的优缺点，人们往往会更趋向于使用基于划分的聚类方法。

基于划分的聚类方法有许多种，下面介绍几种常见的基于划分的聚类方法。

（1）K-Means 算法。K-Means 算法是最为经典的基于划分的聚类方法，是十大经典数据挖掘算法之一。K-Means 算法的基本思想是以空间中 K 个点为中心进行聚类，即 K

类：$C = \{C_1, C_2, \cdots, C_k, \cdots, C_K\}$，对最靠近它们的对象归类。通过迭代的方法，逐次更新各聚类中心的值，直至得到最好的聚类结果。该算法的迭代终止条件是直至中心点收敛。因此，K - Means 算法需要优化的目标函数是

$$J_{\text{K-Means}} = \arg \min_{C = \{C_k\}_{k=1}^{K}} \sum_{k=1}^{K} \sum_{\forall z_p \in C_k} d^2(z_p, m_k) \tag{4-10}$$

隶属函数和权重分别定义为

$$u(m_k, z_p) = \begin{cases} 1, \text{ if } d^2(z_p, m_k) = \arg \min_k \{d^2(z_p, m_k)\} \\ 0, \text{ otherwise} \end{cases} \tag{4-11}$$

$$w_{z_p} = 1 \tag{4-12}$$

式中 m_k 为聚类中心，且 $m_k = \dfrac{1}{|C_k|} \sum_{\forall z_p \in C_k} z_p$

所以，该算法的隶属函数是一个硬隶属函数，而它的权重是一个恒定的常数，即每个数据点同等重要。该算法的最大优势在于简洁和快速，对于处理大数据集，该算法具有相对可伸缩性和高效性。该算法的缺点是簇的数目必须经人为指定，并且对初值敏感，对于不同的初值，可能会导致不同的结果，而且不适合于发现非凸面形状的簇或者大小差别很大的簇。该算法对于"噪声"和孤立点数据是敏感的。该算法的关键在于初始中心的选择和距离公式。

（2）模糊 C-均值算法。模糊聚类分析作为无监督机器学习的主要技术之一，是用模糊理论对重要数据分析和建模的方法，建立了样本类属的不确定性描述，能比较客观地反映现实世界。它已经有效地应用在大规模数据分析、数据挖掘、矢量量化、图像分割、模式识别等领域，具有重要的理论与实际应用价值。随着应用的深入发展，模糊聚类算法的研究不断丰富。在众多模糊聚类算法中，模糊 C-均值（FCM）算法应用最广泛且较成功，它通过优化目标函数得到每个样本点对所有类中心的隶属度，从而决定样本点的类属以达到自动对样本数据进行分类的目的。它的思想就是使得被划分到同一簇的对象之间相似度最大，而不同簇之间的相似度最小。模糊 C-均值算法是普通 C 均值算法的改进，普通 C 均值算法对于数据的划分是硬性的，而模糊 C-均值算法则是一种柔性的模糊划分。模糊 C-均值算法的目标函数为

$$J_{\text{FCM}} = \sum_{k=1}^{K} \sum_{p=1}^{N_p} u_{k,p}^q d^2(z_p, m_k) \tag{4-13}$$

式中：$q \geqslant 1$ 是一个加权指数；$u_{k,p}$ 是指第 p 个数据点在第 k 个簇中的隶属度，它必须满足 $u_{k,p} \geqslant 0, p = 1, \cdots, N_p, k = 1, \cdots, K, \sum_{k=1}^{K} u_{k,p} = 1, p = 1, \cdots, N_p$。模糊 C-均值算法的隶属函数和权重定义为

$$u(m_k \mid z_p) = \dfrac{\| z_p - m_k \|^{-2/(q-1)}}{\sum_{k=1}^{K} \| z_p - m_k \|^{-2/(q-1)}} \tag{4-14}$$

$$w_{z_p} = 1 \tag{4-15}$$

所以，该算法的隶属函数是一个软隶属函数，即一个数据点可能属于多个簇，而它的

权重是一个恒定的常数。模糊 C -均值算法可以很好地处理临界数据点，它和 K‑Means 算法一样，需要人为指定簇的数目。该算法的缺点是可能会产生重合聚类，需要人为指定簇的个数，收敛于局部最优以及初始条件对聚类结果影响很大。

4）非迭代的划分的聚类方法

另外的一种聚类算法就是非迭代的划分的聚类方法，最常用的非迭代的算法是 MacQueen 的 K‑means 算法。该算法的思想是，给定一个数据集，找到指定数量的聚类中心，然后把数据集聚类到相应的簇。该算法对初始值敏感，为了解决这个问题，可以打乱数据集中数据点的顺序。一般情况下来说，迭代的算法要比非迭代的算法高效得多。

5）其他的聚类方法

（1）SNN 算法。最近邻聚类算法是一个用于处理多密度数据集的聚类算法，其主要思想可概括为：对于数据集中每个点，找出距离其最近的 K 个邻近点，形成一个集合。考虑数据集中的任意两个点，若对应于这两个点的 K 个邻近点集合交集部分的点数超过一个阈值，则将这两个点归于一类。S 近邻(Shelly Nearest Neighbor，SNN)分类算法克服了传统最近邻聚类算法在选择上可能存在某种偏好的问题，可以对不同密度和形状的数据集进行聚类，具有能处理高维数据集和自动识别簇的数目的优点。SNN 算法的缺点是在多密度聚类和处理孤立点或噪声方面精度都不高，并且该算法对参数是敏感的。

（2）谱聚类算法。谱聚类算法首先根据给定的样本数据集定义一个描述成对数据点相似度的亲和矩阵，并且计算矩阵的特征值和特征向量，然后选择合适的特征向量聚类不同的数据点。谱聚类算法最初用于计算机视觉、VLSI 设计等领域，最近才开始用于机器学习中，并迅速成为国际上机器学习领域的研究热点。谱聚类算法建立在谱图理论基础上，其本质是将聚类问题转化为图的最优划分问题，是一种点对聚类算法，与传统的聚类算法相比，它具有能在任意形状的样本空间上聚类且收敛于全局最优解的优点。

（3）MeanShift 算法。MeanShift(均值漂移)是一种非参数概率密度估计的方法，也是一种最优的寻找概率密度极大值的梯度上升法，在解决计算机视觉底层过程中表现出了良好的鲁棒性和较高的处理速度。MeanShift 算法一般指的是一个迭代的步骤，即先算出当前点的漂移均值，移动该点到其漂移均值，然后以此为新的起始点，继续移动，直到满足一定的结束条件。

3. 各类算法比较

基于上述的分析，下面对常用聚类算法的性能从可伸缩性、发现聚类的形状、对“噪声”的敏感性、对数据输入顺序的敏感性、高维性和是否是硬聚类六个方面进行比较，如表 4.3.1 所示。

表 4.3.1　各类算法比较

算法	可伸缩性	发现聚类的形状	对“噪声”的敏感性	对数据输入顺序的敏感性	高维性	是否是硬聚类
K‑means	不好	凸形	敏感	敏感	不好	是
FCM	好	任意形状	敏感	不敏感	好	否
SNN	好	任意形状	敏感	不敏感	好	是

　　聚类分析是数据挖掘中一种非常有用的技术，它可作为特征和分类算法的预处理步骤，这些算法再在生成的簇上进行处理，也可将聚类结果用于进一步关联分析。聚类分析还可以作为一个独立的工具，用来获得数据分布的情况，观察每个簇的特点，集中对特定的某些簇做进一步分析。其应用范围涉及商务、生物、地理、Web 文档分类、仿真等诸多领域。

　　聚类应该更好地应用到现实生活中。很多新算法正在把静态的聚类推向动态的、适应性强的、带约束条件的以及与生活联系紧密的聚类。同时，对目前可有效处理二维和小的数据集的聚类方法进行强化和修改，以使其能处理大的和高维的数据，这也是一个研究方向。

4.3.3　贝叶斯分类器

　　贝叶斯分类器是一种比较有潜力的数据挖掘工具，它本质上是一种利用概率统计知识进行分类的算法。其分类原理是通过某对象的先验概率，利用贝叶斯公式计算出其后验概率，即该对象属于某一类的概率，具有最大后验概率的类便是该对象所属的类。

　　贝叶斯分类器的优势不仅仅在于高分类准确率，更重要的是，它会通过训练集学习一个因果关系图（贝叶斯网络），如在医学领域，贝叶斯分类器可以辅助医生判断病情，并给出各症状的影响关系，这样医生就可以有重点地分析病情并给出更全面的诊断。进一步来说，在面对未知问题的情况下，可以从该因果关系图入手分析，而贝叶斯分类器此时充当的是一种辅助分析问题领域的工具。如果能够提出一种准确率很高的分类模型，那么无论是对于辅助诊疗还是辅助分析的作用都会非常大，甚至起主导作用，可见贝叶斯分类器的研究是非常有意义的。

1. 贝叶斯公式

　　在概率论方面的贝叶斯公式是在乘法公式和全概率公式的基础上推导出来的，其中设 B_1，B_2，…，B_n 是样本空间 Ω 的一个分割，即 B_1，B_2，…，B_n 互不相容，且 $\bigcup\limits_{i=1}^{n} B_i = \Omega$。如果 $P(A) > 0$，$P(B_i) > 0$，$i = 1, 2, …, n$，则

$$P(B_i \mid A) = \frac{P(B_i)P(A \mid B_i)}{\sum\limits_{j=1}^{n} P(B_j)P(A \mid B_j)}, \quad i = 1, 2, …, n \qquad (4-16)$$

　　式（4-16）就是贝叶斯公式，$P(B_i \mid A)$ 称为后验概率，$P(A \mid B_i)$ 称为先验概率，一般是已知先验概率来求后验概率。贝叶斯定理提供了"预测"的实用模型，即已知某事实，预测另一个事实发生的可能性大小。

2. 机器学习中的贝叶斯法则

　　在机器学习中，在给定训练数据 D 时，确定假设空间 H 中的最佳假设，用 $P(h)$ 表示在没训练数据前假设 h 拥有的初始概率（$P(h)$ 为 h 的先验概率）；用 $P(D)$ 表示将要观察的训练数据 D 的先验概率；用 $P(D \mid h)$ 表示假设 h 成立的情况下观察到数据 D 的概率；用 $P(h \mid D)$ 表示给定训练数据 D 时 h 成立的概率；$P(D \mid h)$ 称为 h 的后验概率。机器学习中的贝叶斯公式为

$$P(h \mid D) = \frac{P(D \mid h)P(h)}{P(D)} \qquad (4-17)$$

学习器考虑候选假设集合 H 并在其中寻找给定数据 D 时可能性最大的假设，称为 MAP 假设，记为 h_{MAP}，则

$$h_{\text{MAP}} = \arg\max_{h \in H} P(h \mid D) = \arg\max_{h \in H} \frac{P(D \mid h)P(h)}{P(D)}$$

$$= \arg\max_{h \in H} P(D \mid h)P(h) \qquad (4-18)$$

3. 贝叶斯网络

贝叶斯网络是一个带有概率注释的有向无环图（Directed Acyclic Graph，DAG），图中的每一个节点均表示一个随机变量（类别和特征），图中两节点间若存在着一条弧，则表示这两个节点相对应的随机变量是概率相依的，反之则说明这两个随机变量是条件独立的。网络中任意一个节点 X 均有一个相应的条件概率表（Conditional Probability Table，CPT），用以表示节点 X 在其父节点取各可能值时的条件概率。若节点 X 无父结点，则 X 的 CPT 为其先验概率分布。贝叶斯网络的结构及各节点的 CPT 定义了网络中各变量的概率分布。

贝叶斯网络有一条极为重要的性质，就是断言每一个节点在其直接前驱节点的值制定后，这个节点条件独立于其所有非直接前驱前辈节点。

贝叶斯网络比朴素贝叶斯更复杂，而构造和训练出一个好的贝叶斯网络更是非常困难。但是贝叶斯网络是模拟人的认知思维推理模式，用一组条件概率函数以及有向无环图对不确定性的因果推理关系建模，因此其具有更高的实用价值。

构造与训练贝叶斯网络分为以下两步：

（1）确定随机变量间的拓扑关系，形成 DAG。这一步通常需要相关领域专家完成，而想要建立一个好的拓扑结构，通常需要不断迭代和改进。

（2）训练贝叶斯网络。这一步也就是要完成条件概率表的构造，如果每个随机变量的值都是可以直接观察的，那么这一步的训练是直观的，方法类似于朴素贝叶斯分类。但是通常贝叶斯网络中存在隐藏变量节点，那么训练方法就比较复杂，下面用梯度下降法说明。

以检测某网络社区中的不真实账号为例，模型中存在四个随机变量：账号真实性 R、头像真实性 H、日志密度 L、好友密度 F，其中 H、L、F 是可以观察到的值，而 R 是无法直接观察的。这个问题就划归为通过 H、L、F 的观察值对 R 进行概率推理。推理过程如下：

形成 DAG，如图 4.3.2 所示。该图是一个有向无环图，其中每个节点代表一个随机变量，而有向线段则表示两个随机变量之间的联系，表示指向节点影响被指向节点。不过通过这个图只能定性给出随机变量间的关系，如果要定量，还需要一些数据，这些数据就是每个节点对其直接前驱节点的条件概率，而没有前驱节点的节点则使用先验概率表示。

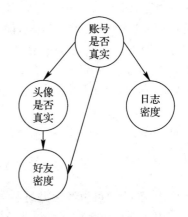

图 4.3.2　账号检测 DAG

假设通过对训练数据集的统计，得到表 4.3.2、表 4.3.3（R 表示账号真实性，H 表示头像真实性）。

表 4.3.2　账号真实性

$R=0$	$R=1$
0.11	0.89

表 4.3.3　头像真实性与账号真实性的关系

	$H=0$	$H=1$
$R=0$	0.9	0.1
$R=1$	0.2	0.8

表 4.3.2 为真实账号和非真实账号的概率，而表 4.3.3 为头像真实性对于账号真实性的概率（其中 R 为条件变量，H 为随机变量）。这两张表分别为"账号是否真实"和"头像是否真实"的条件概率表。有了这些数据，不但能顺向推断，还能通过贝叶斯定理进行逆向推断。例如，现随机抽取一个账户，已知其头像为假，其账号也为假的概率为

$$P(R=0 \mid H=0) = \frac{P(H=0 \mid R=0)P(R=0)}{P(H=0)}$$

$$= \frac{P(H=0 \mid R=0)P(R=0)}{P(H=0 \mid R=0)P(R=0) + P(H=0 \mid R=1)P(R=1)}$$

$$= \frac{0.9 \times 0.11}{0.9 \times 0.11 + 0.2 \times 0.89} \approx 0.3574$$

也就是说，在仅知道头像为假的情况下，此账户也为假的概率约为 35.74%。如果给出所有节点的条件概率表，则可以在观察值不完备的情况下对任意随机变量进行统计推断。上述方法就是使用了贝叶斯网络。

4. 贝叶斯分类器

贝叶斯分类器是用于分类的贝叶斯网络。该网络中应包含类节点 C，其中 C 的取值来自于类集合 $(c_1, c_2, \cdots, c_m)$，还包含一组节点 $X = (X_1, X_2, \cdots, X_n)$，表示用于分类的特征。对于贝叶斯网络分类器，若某一待分类的样本 D，其分类特征值为 $x = (x_1, x_2, \cdots, x_n)$，则样本 D 属于类别 c_i 的概率 $P(C=c_i \mid X_1=x_1, X_2=x_2, \cdots, X_n=x_n)(i=1,2,\cdots,m)$ 应满足

$$P(C=c_i \mid X=x)$$
$$= \max\{P(C=c_1 \mid X=x), P(C=c_2 \mid X=x), \cdots, P(C=c_m \mid X=x)\}$$

由贝叶斯公式可得

$$P(C=c_i \mid X=x) = \frac{P(X=x \mid C=c_i)P(C=c_i)}{P(X=x)} \qquad (4-19)$$

式中 $P(C=c_i)$ 可由经验得到，而 $P(X=x \mid C=c_i)$ 和 $P(X=x)$ 的计算则较困难。

应用贝叶斯网络分类器进行分类主要分成两个阶段：第一阶段是贝叶斯网络分类器的学习，即从样本数据中构造分类器，包括结构学习和 CPT 学习；第二阶段是贝叶斯网络分类器的推理，即计算类节点的条件概率，对分类数据进行分类。这两个阶段的时间复杂性均取决于特征值间的依赖程度，甚至可以是 NP 完全问题，因而在实际应用中，往往需要对贝叶斯网络分类器进行简化。

例如，某个医院早上收了六个门诊病人(见表4.3.4)，现在又来了第七个病人，是一个打喷嚏的建筑工人，计算他患上感冒的概率。

表 4.3.4　病人记录数据表

症状	职业	疾病
打喷嚏	护士	感冒
打喷嚏	农夫	过敏
头痛	建筑工人	脑震荡
头痛	建筑工人	感冒
打喷嚏	教师	感冒
头痛	教师	脑震荡

上述问题的求解过程如下：

根据式(4-19)可得

$$P(感冒 \mid 打喷嚏 \times 建筑工人)$$

$$= P(打喷嚏 \times 建筑工人 \mid 感冒) \times \frac{P(感冒)}{P(打喷嚏 \times 建筑工人)}$$

假定"打喷嚏"和"建筑工人"这两个特征是独立的，因此，上面的等式就变为

$$P(感冒 \mid 打喷嚏 \times 建筑工人)$$

$$= P(打喷嚏 \mid 感冒) \times P(建筑工人 \mid 感冒) \times \frac{P(感冒)}{(P(打喷嚏) \times P(建筑工人))}$$

则

$$P(感冒 \mid 打喷嚏 \times 建筑工人) = 0.66 \times 0.33 \times \frac{0.5}{0.5 \times 0.33} = 0.66$$

因此，这个打喷嚏的建筑工人患上感冒的概率为 66%。同理，可以计算这个病人患上过敏或脑震荡的概率。比较这几个概率，就可以知道他最可能患什么病。

这就是贝叶斯分类器的基本方法：在统计资料的基础上，依据某些特征，计算各个类别的概率，从而实现分类。

5. 贝叶斯最优分类器

给定训练数据，对新实例的最可能分类是什么？新实例的最可能分类可通过合并所有假设的预测得到，用后验概率来加权。如果新样例的可能分类可取某集合 V 中的任一值 v_j，那么概率 $P(v_j \mid D)$ 表示新实例的正确分类为 v_j 的概率，其值为

$$P(v_j \mid D) = \sum_{h_i \in H} P(v_j \mid h_i) P(h_i \mid D) \qquad (4-20)$$

新实例的最优分类为使 $P(v_j \mid D)$ 最大的 v_j 值，则

$$P(v_j \mid D) = \arg \max_{v_j \in V} \sum_{h_i \in H} P(v_j \mid h_i) P(h_i \mid D) \qquad (4-21)$$

按式(4-21)分类新实例的系统被称为贝叶斯最优分类器。在相同的假设空间和相同的先验概率下，使用贝叶斯最优分类器是最好的，它能使新实例被正确分类的可能性达到最大。

6. 朴素贝叶斯分类器

朴素贝叶斯分类器是贝叶斯学习方法中实用性很高的一种，朴素贝叶斯对于数据的分类过程如下：

对每个实例 x 可由属性值的合取描述，而目标函数 $f(x)$ 从某有限集合 V 中取值。学习器被提供一系列关于目标函数的训练样例以及新实例 $\{a_1, a_2, \cdots, a_n\}$，然后要求预测新实例的目标值，得到最可能的目标值 v_{MAP}

$$v_{MAP} = \arg \max_{v_j \in V} P(v_j \mid a_1, a_2, \cdots, a_n) \tag{4-22}$$

使用贝叶斯公式，可将式（4-22）重写为

$$v_{MAP} = \arg \max_{v_j \in V} \frac{P(a_1, a_2, \cdots, a_n \mid v_j) P(v_j)}{P(a_1, a_2, \cdots, a_n)}$$
$$= \arg \max_{v_j \in V} P(a_1, a_2, \cdots, a_n \mid v_j) P(v_j) \tag{4-23}$$

朴素贝叶斯分类器基于一个简单的假定：在给定目标值时属性值之间相互条件独立。因此，联合的 $a_1, a_2, \cdots, a_n$ 的概率等于每个单独属性的概率的乘积，即

$$P(a_1, a_2, \cdots, a_n \mid v_j) = \prod_i P(a_i \mid v_j) \tag{4-24}$$

将其代入式（4-23），得

$$v_{NB} = \arg \max_{v_j \in V} P(v_j) \prod_i P(a_i \mid v_j) \tag{4-25}$$

其中 v_{NB} 表示朴素贝叶斯分类器输出的目标值。

朴素贝叶斯分类器模型中，相关参数的说明如下：

① v_{MAP} 为给定一个实例，得到的最可能的目标值；

② v_j 属于集合 V；

③ $a_1, a_2, \cdots, a_n$ 是这个实例里面的属性；

④ v_{MAP} 是后面计算得出的概率最大的一个目标值，所以用 max 函数来表示。

整个朴素贝叶斯分类的三个阶段如下：

（1）第一阶段——准备工作阶段，这个阶段的任务是为朴素贝叶斯分类做必要的准备，主要的工作是根据具体情况确定特征属性，并对每个属性进行适当划分，然后由人工对一部分分类项进行分类，形成训练样本集合。这一阶段的输入是所有带分类数据，输出是特征属性和训练样本。

（2）第二阶段——分类器训练阶段，这个阶段的任务是生成分类器，主要工作是计算每个类别在训练样本中的出现频率及每个特征属性划分对每个类别的条件概率估计，并将结果记录。其输入是特征属性和训练样本，输出是分类器。

（3）第三阶段——应用阶段，这个阶段的任务是使用分类器对待分类项进行分类，其输入是分类器和待分类项，输出是待分类项和类别的映射关系。

7. 贝叶斯分类的特点

（1）贝叶斯分类并不是把一个对象绝对地指派给某一类，而是通过计算得出属于某一类的概率。具有最大概率的类便是该对象所属的类。

（2）一般情况下，在贝叶斯分类中所有的属性都潜在地起作用，即并不是一个或几个属性决定分类，而是所有的属性都参与分类。

（3）贝叶斯分类的属性可以是离散的、连续的，也可以是混合的。

4.3.4　决策树

决策树学习算法是以一组样本数据集为基础的一种归纳学习算法，它着眼于从一组无次序、无规则的样本数据中推理出决策树表示形式的分类规则。假设这里的样本数据符合"属性—结论"这一对应法则。

决策树是一个可以自动对数据进行分类的树形结构，是树形结构的知识表示，可以直接转换为分类规则。它能被看做基于属性的预测模型，树的根节点是整个数据集空间，每个分节点对应一个分裂问题。它是对某个单一变量的测试，该测试将数据集合空间分割成两个或更多数据块，每个叶节点是带有分类结果的数据分割。决策树算法主要针对"以离散型变量作为属性类型进行分类"的学习方法。对于连续性变量，必须被离散化才能被学习和分类。

基于决策树的决策算法的最大优点就在于它在学习过程中不需要了解很多的背景知识，只从样本数据及提供的信息就能够产生一棵决策树，通过树节点的分叉判别可以使某一分类问题仅与主要的树节点对应的变量属性取值相关，即不需要通过全部变量取值来判别对应的范类。

1. 决策树基本算法

一棵决策树的内部节点是属性或属性的集合，而叶节点就是学习划分的类别或结论，内部节点的属性称为测试属性或分裂属性。

当通过一组样本数据集的学习产生了一棵决策树之后，就可以对一组新的未知数据进行分类。使用决策树对数据进行分类的时候，采用自顶向下的递归方法，对决策树内部节点进行属性值的判断比较，并根据不同的属性值决定走向哪一条分支，在叶节点处就可得到新数据的类别或结论。

从上面的描述可以看出，从根节点到叶节点的一条路径对应着一条合取规则，而整棵决策树对应于一组合取规则。简单决策树如图 4.3.3 所示。

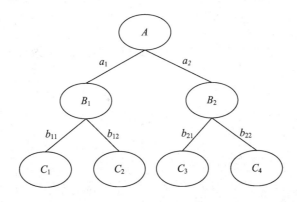

图 4.3.3　简单决策树

根据决策树内部节点的各种不同的属性，可以将决策树分为以下几种：

（1）当决策树的每一个内部节点都只包含一个属性时，称为单变量决策树；当决策树存在包含多个变量的内部节点时，称为多变量决策树。

（2）根据测试属性的不同属性值的个数，可能使得每一个内部节点有两个或者是多个分支，如果每一个内部节点只有两个分支则称之为二叉树决策。

（3）分类结果可能是两类也可能是多类，二叉树决策的分类结果只能有两类，故也称之为布尔决策树。

2. CLS 算法

CLS 学习算法是 1966 年由 Hunt 等人提出的。它是最早的决策树学习算法。后来的许多决策树算法都可以看做是 CLS 学习算法的改进与更新。

CLS 算法的思想就是从一个空的决策出发，根据样本数据不断增加新的分支节点，直到产生的决策树能够正确地将样本数据分类为止。

CLS 算法的步骤如下：

（1）令决策树 T 的初始状态只含有一个树根 (X,Q)，其中 X 是全体样本数据的集合，Q 是全体测试属性的集合。

（2）如果 T 中所有叶节点都有如下状态：X' 中的样本数据都是属于同一个类，或者 Q' 为空，则停止执行学习算法，学习的结果为 T。

（3）否则，选择一个不具有第（2）步所描述状态的叶节点 (X', Q')。

（4）对于 Q'，按照一定规则选取属性 $b \in Q'$，设 X' 被 b 的不同取值分为 m 个不同的子集 X'，$1 \leqslant i \leqslant m$，从 (X', Q') 伸出 m 个分支，每个分支代表属性 b 的一个不同取值，从而形成 m 个新的叶节点 $(X', Q' - |b|)$，$1 \leqslant i \leqslant m$。

（5）转到第（2）步。

在第（4）步中，并没有明确地说明按照怎样的规则来选取测试属性，所以 CLS 有很大的改进空间，而后来很多的决策树学习算法都是采取了各种各样的规则和标准来选取测试属性，所以说这些决策树学习算法都是 CLS 学习算法的改进。

3. ID3 算法

ID3 算法是各种决策树学习算法中最有影响力、使用最广泛的一种决策树学习算法。其基本思想为：设样本数据集为 X，目的是要把样本数据集分为 n 类。设属于第 i 类的样本数据个数是 C_i，X 中总的样本数据个数是 $|X|$，则一个样本数据属于第 i 类的概率 $p(C_i) = \dfrac{c_i}{|X|}$。此时决策树对划分 C 的不确定程度（即信息熵）为

$$H(X,C) = H(X) = -\sum_{i=1}^{n} p(C_i) \log_2 p(C_i) \tag{4-26}$$

若选择属性 a（设属性 a 有 m 个不同的取值）进行测试，其不确定程度（即条件熵）为

$$
\begin{aligned}
H(X \mid a) &= -\sum_{i=1}^{n} \sum_{j=1}^{m} p(C_i, a=a_j) \log_2 p(C_i \mid a=a_j) \\
&= -\sum_{i=1}^{n} \sum_{j=1}^{m} p(a=a_j) p(C_i \mid a=a_j) \log_2 p(C_i \mid a=a_j) \\
&= -\sum_{j=1}^{m} p(a=a_j) \sum_{i=1}^{n} p(C_i \mid a=a_j) \log_2 p(C_i \mid a=a_j)
\end{aligned}
\tag{4-27}
$$

属性 a 对于分类提供的信息量为

$$I(X, a) = H(X) - H(X \mid a) \tag{4-28}$$

式中：$I(X,a)$表示选择了属性a作为分类属性之后信息熵的下降程度，亦即不确定性下降的程度，所以应该选择$I(X,a)$最大的属性作为分类的属性，这样得到的决策树的确定性最大。

可见 ID3 算法继承了 CLS 算法，并且根据信息论选择$I(X,a)$最大的属性作为分类属性的测试属性选择标准。

ID3 算法除了引入信息论作为选择测试属性的标准之外，还引入窗口的方法进行增量学习。

ID3 算法的步骤如下：

(1) 选出整个样本数据集X的规模为W的随机子集X_1(W称为窗口规模，子集称为窗口)。

(2) 以$I(X,a)=H(X)-H(X|a)$的值最大，即$H(X|a)$的值最小为标准，选取每次的测试属性，形成当前窗口的决策树。

(3) 顺序扫描所有样本数据，找出当前的决策树的例外，如果没有例外则结束。

(4) 组合当前窗口的一些样本数据与某些第(3)步中找到的例外数据形成新的窗口，转到第(2)步。

表 4.3.5 给出了一个训练样本集，该训练样本集对天气进行分类，根据某天的天气情况确定是否适合在室外游览，类别为 P 表示适合，类别为 N 表示不适合。

表 4.3.5 天气分类问题的训练样本

No.	Attributes				Class
	Outlook	Temperature	Humidity	Windy	
1	sunny	hot	high	false	N
2	sunny	hot	high	true	N
3	sunny	mild	normal	true	P
4	sunny	mild	high	false	N
5	sunny	cool	normal	false	P
6	overcast	hot	high	false	P
7	overcast	hot	normal	false	P
8	overcast	mild	high	true	P
9	overcast	cool	normal	true	P
10	rain	mild	normal	false	P
11	rain	mild	high	true	N
12	rain	mild	high	false	P
13	rain	cool	normal	false	P
14	rain	cool	normal	true	N

对于表 4.3.5 中的训练样本集，利用信息熵增益作为划分标准，样本集合中共有两个类别，有 9 个样本属于 P，5 个样本属于 N，因此有

$$H(X,C) = H(X) = -\left[\frac{9}{14} \times \text{lb}\left(\frac{9}{14}\right) + \frac{5}{14} \times \text{lb}\left(\frac{5}{14}\right)\right] = 0.940(\text{bit})$$

选择属性 Outlook 进行测试，其不确定程度（即条件熵）为

$$H(X \mid a = \text{Outlook}) = \frac{5}{14} \times \left[-\frac{2}{5} \times \text{lb}\left(\frac{2}{5}\right) - \frac{3}{5} \times \text{lb}\left(\frac{3}{5}\right)\right]$$
$$+ \frac{4}{14} \times \left[-\frac{4}{4} \times \text{lb}\left(\frac{4}{4}\right) - \frac{0}{4} \times \text{lb}\left(\frac{0}{4}\right)\right]$$
$$+ \frac{5}{14} \times \left[-\frac{3}{5} \times \text{lb}\left(\frac{3}{5}\right) - \frac{2}{5} \times \text{lb}\left(\frac{2}{5}\right)\right]$$
$$= 0.694(\text{bit})$$

属性 Outlook 对于分类提供的信息量为

$$I(X \mid a = \text{Outlook}) = H(X) - H(X \mid a) = 0.940 - 0.694 = 0.246(\text{bit})$$

同理可得

$$I(X \mid a = \text{Temperature}) = 0.940 - 0.911 = 0.029(\text{bit})$$
$$I(X \mid a = \text{Humidity}) = 0.940 - 0.789 = 0.151(\text{bit})$$

由上述计算结果可知，当测试属性为 Outlook 时，提供的信息量最大。因此，首先选择 Outlook 作为测试属性，形成如图 4.3.4 所示的初级决策树模型，由于 overcast 完全为 P，所以不需要继续划分，因此只需确定节点 N_1 和 N_3。

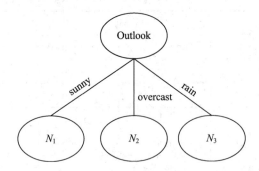

图 4.3.4　初级决策树模型

在 Outlook=sunny 的情况下，根据表 4.3.5 作出表 4.3.6。

表 4.3.6　N_1 节点分类图

Temperature			Humidity			Windy			Class	
	P	N		P	N		P	N	P	N
hot	0	2	high	0	3	false	1	2	2	3
mild	1	1	normal	2	0	true	1	1		
cool	1	0								

由表 4.3.6 可以看出，Humidity 把决策问题完全分为 P 和 N 两类，所以 N_1 节点选择 Humidity。

　　按照同样的方法，N_3 节点也画出节点分类图，根据信息量选择 Windy 为决策属性。因此可画出最终决策树，如图 4.3.5 所示。

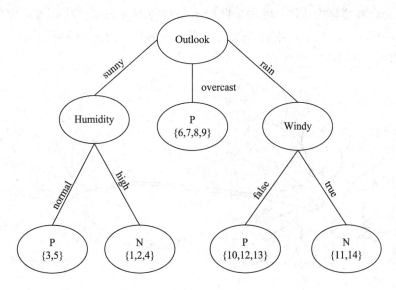

图 4.3.5　最终决策树模型

4. 决策树的评价标准

　　决策树的优劣有许多评价标准，包括正确性（正确率）、过学习、有效性（错误率）、复杂性等。

　　决策树的复杂程度也是度量决策树学习效果的一个很重要的标准，一般有以下三种评价标准：

　　（1）最优覆盖问题（MCV），即生成最少数目叶节点的决策树。

　　（2）最简公式问题（MCOMP），即生成每个叶节点深度最小的决策树。

　　（3）最优示例学习问题（OPL），即生成的决策树叶节点最少且每个叶节点的深度最小。

4.3.5　人工神经网络

　　人工神经网络（Artificial Neural Network，ANN）简称为神经网络，是由大量处理单元（人工神经元）广泛互连而成的网络，是对人脑的抽象、简化和模拟，反映人脑的基本特征。

　　人工神经网络按照一定的学习规则，通过对大量样本数据的学习和训练，抽象出样本数据间的特性——网络掌握的"知识"，把这些"知识"以神经元之间的连接权和阈值的形式储存下来，利用这些"知识"可以实现某种人脑的推理、判断等功能。

　　人工神经网络的研究是从人脑的生理结构出发来研究人的智能行为，模拟人脑信息处理的能力。它是根植于神经科学、数学、统计学、物理学、计算机科学及工程等学科的一种技术。

1. 人工神经网络的要素

　　一个神经网络的特性和功能取决于三个要素：一是构成神经网络的基本单元——神经元；二是神经元之间的连续方式——神经网络的拓扑结构；三是用于神经网络学习和训练，

修正神经元之间的连接权值和阈值的学习规则。

人工神经元是对生物神经元的功能的模拟。人的大脑中大约含有 10^{11} 个生物神经元。生物神经元是以细胞体为主体，由许多向周围延伸的不规则树枝状纤维构成的神经细胞，其形状很像一棵枯树的枝干。生物神经元主要由细胞体、树突、轴突和突触(Synapse，又称神经键)组成，如图 4.3.6 所示。

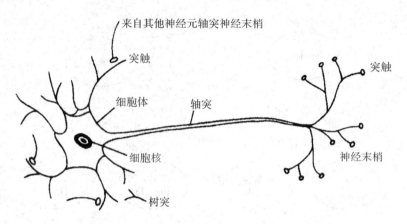

来自其他神经元轴突神经末梢

突触

细胞体　轴突

突触

细胞核

神经末梢

树突

图 4.3.6　生物神经元示意图

生物神经元通过突触接收和传递信息。在突触的接受侧，信号被送入胞体，这些信号在胞体里被综合。其中有的信号起刺激作用，有的起抑制作用。当胞体中接受的累加刺激超过一个阈值时，胞体就被激发，此时它将通过枝蔓向其他神经元发出信号。

根据生物神经元的特点，人们设计人工神经元，用它模拟生物神经元的输入信号加权和的特性。设 n 个输入分别用 x_1，x_2，$\cdots$，x_n 表示，它们对应的连接权值依次为 w_1，w_2，$\cdots$，w_n，$\sum$ 表示该神经元所获得的输入信号的累积效果，即该神经元的网络输入量，y 表示神经元的实际输出。图 4.3.7 给出了不带激活函数的人工神经元基本特性示意图。

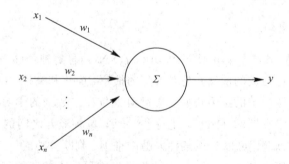

图 4.3.7　不带激活函数的人工神经元基本特性示意图

为了实现人工神经元的功能，人工神经元有一个变换函数，用于执行对该神经元所获得的网络输入量的转换，这就是激活函数，它可以将神经元的输出进行放大处理或限制在一个适当的范围内。激活函数可分为线性激活函数与非线性激活函数。激活函数一般有以下几种形式：

（1）硬极限函数，也称为阈值函数，常用于分类，如图 4.3.8 所示。

$$y = f(u) = \begin{cases} 1, & u \geqslant 0 \\ 0, & u < 0 \end{cases} \quad 或 \quad y = f(u) = \mathrm{sgn}(u) = \begin{cases} 1, & u \geqslant 0 \\ -1, & u < 0 \end{cases} \quad (4-29)$$

式中 sgn() 为符号函数。

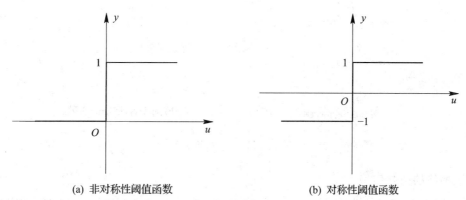

(a) 非对称性阈值函数　　　　　　(b) 对称性阈值函数

图 4.3.8　阶跃函数

（2）线性函数，如图 4.3.9 所示，常用于实现函数逼近的网络。

$$y = au + b \quad (4-30)$$

（3）饱和线性函数，也称为非线性斜面函数，如图 4.3.10 所示，它是最简单的非线性函数，常用于分类。

$$y = f(u) = \frac{1}{2}(\mid u + 1 \mid - \mid u - 1 \mid) \quad (4-31)$$

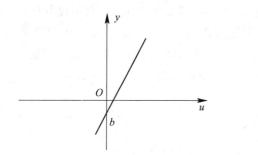

图 4.3.9　线性函数

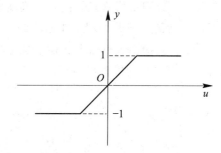

图 4.3.10　饱和线性函数

（4）Sigmoid 函数，也称为 S（型）函数或压缩函数，如图 4.3.11 所示，S 函数常用于分类、函数逼近或优化。

$$y = f(u) = \frac{1}{1 + \mathrm{e}^{\lambda u}} \quad 或 \quad y = f(u) = \frac{1 - \mathrm{e}^{-\lambda u}}{1 + \mathrm{e}^{\lambda u}} \quad (4-32)$$

式中 λ 为任意常数。

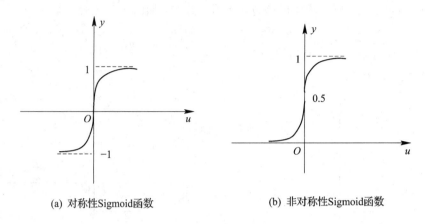

(a) 对称性Sigmoid函数　　　　　(b) 非对称性Sigmoid函数

图 4.3.11　Sigmoid 函数

2. 网络的拓扑结构

单个人工神经元的功能是简单的，只有通过一定的方式将大量的人工神经元广泛连接起来，组成庞大的人工神经网络，才能实现对复杂的信息进行处理和存储，并表现出不同的优越特性。根据神经元之间的连接在拓扑结构上的不同，将人工神经网络结构分为两大类，即层次型拓扑结构和互连型拓扑结构。

1) 层次型拓扑结构

层次型结构的神经网络将神经元按功能的不同分为若干层，一般有输入层、中间层(隐层)和输出层，各层顺序连接，如图 4.3.12 所示。输入层接受外部的信号，并由各输入单元传递给直接相连的中间层各个神经元。中间层是网络的内部处理单元层，它与外部没有直接连接，神经网络所具有的模式变换能力，如模式分类、模式完善、特征提取等，主要是在中间层进行的。根据处理功能的不同，中间层可以是一层或多层。由于中间层单元不直接与外部输入、输出进行信息交换，因此，通常将神经网络的中间层称为隐层或隐含层、隐藏层等。输出层是网络输出运行结果并与显示设备或执行机构相连接的部分。

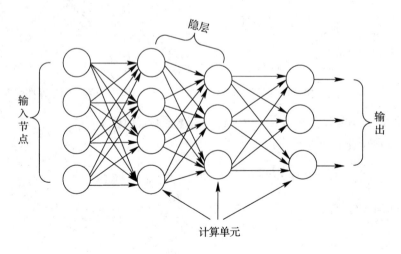

图 4.3.12　层次型神经网络拓扑结构图

2) 互连型拓扑结构

互连型结构的神经网络是指网络中任意两个神经元之间都是可以相互连接的(见图 4.3.13)，Hopfield 网络(循环网络)、波尔茨曼机模型网络的结构均属于这种类型。

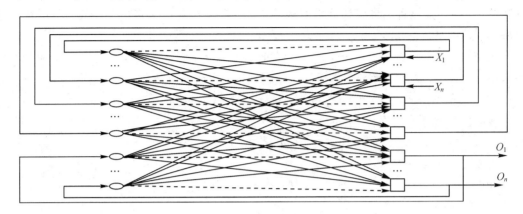

图 4.3.13　全互连型网络拓扑结构图

3. 网络的学习规则

神经网络的学习分为有监督学习与无监督学习两种方式。一般情况下，有监督学习的训练样本是输入输出对 (p_i, d_i)，$i = 1, 2, \cdots, n$，其中 p_i 为输入样本，d_i 为输出样本(期望输出，或导师信号)。神经网络训练的目的是：通过调节各神经元的自由参数，使网络产生期望的行为，即当输入样本 p_i 时，网络输出尽可能接近 d_i。无监督学习不提供导师信号，只规定学习方式或某些规则，具体的学习内容随系统所处环境(即输入信号情况)而异，系统可以自动发现环境特征和规律。

无论是有监督学习还是无监督学习，都要通过调整神经元的自由参数(权值或阈值)实现。

设输入样本 $\boldsymbol{x} = (x_1, x_2, \cdots, x_n, -1)^{\mathrm{T}}$，当前权值 $\boldsymbol{w}(t) = (w_1, w_2, \cdots, w_n, \theta)^{\mathrm{T}}$，期望输出 $\boldsymbol{d} = (d_1, d_2, \cdots, d_n)^{\mathrm{T}}$，则权值调节公式为

$$\boldsymbol{w}(t + 1) = \boldsymbol{w}(t) + \eta \cdot \Delta \boldsymbol{w}(t) \tag{4-33}$$

式中：η 为学习率，一般取较小的值；权值调整量 $\Delta \boldsymbol{w}(t)$ 一般与 x、d 及当前权值 $\boldsymbol{w}(t)$ 有关。

1) Hebb 学习规则

Hebb 学习规则是一个无监督学习规则，这种学习的结果是使网络能够提取训练集的统计特性，从而把输入信息按照它们的相似性程度划分为若干类。这一点与人类观察和认识世界的过程非常吻合，人类观察和认识世界在相当程度上就是在根据事物的统计特征进行分类。

设输入样本 $\boldsymbol{x} = (x_1, x_2, \cdots, x_n, -1)^{\mathrm{T}}$，当前权值 $\boldsymbol{w}(t) = (w_1, w_2, \cdots, w_n, \theta)^{\mathrm{T}}$，实际输出为

$$\boldsymbol{y} = f(\boldsymbol{w}(t)^{\mathrm{T}} \cdot x) \tag{4-34}$$

权值调节公式为

$$\boldsymbol{w}(t + 1) = \boldsymbol{w}(t) + \eta \cdot \Delta \boldsymbol{w}(t) \tag{4-35}$$

式中权值调整量 $\Delta \boldsymbol{w}(t) = \boldsymbol{y} \cdot \boldsymbol{x}$。

2) 离散感知器学习规则

如果神经元的基函数取线性函数，激活函数取硬极限函数，则神经元就成为单神经元感知器，其学习规则称离散感知器学习规则，是一种有监督学习算法，常用于单层及多层离散感知器网络。

设输入样本 $\boldsymbol{x} = (x_1, x_2, \cdots, x_n)^{\mathrm{T}}$，当前权值 $\boldsymbol{w}(t) = (w_1, w_2, \cdots, w_n)^{\mathrm{T}}$，期望输出 $\boldsymbol{d} = (d_1, d_2, \cdots, d_n)^{\mathrm{T}}$，按照离散感知器学习规则，当前输出为

$$\boldsymbol{y} = f(u) = \mathrm{sgn}(\boldsymbol{w}(t)^{\mathrm{T}} \cdot \boldsymbol{x} - \theta) \tag{4-36}$$

当前误差信号

$$\boldsymbol{e}(t) = \boldsymbol{d} - \boldsymbol{y} = \boldsymbol{d} - \mathrm{sgn}[\boldsymbol{w}(t)^{\mathrm{T}} \cdot \boldsymbol{x} - \theta] \tag{4-37}$$

当前权值调节量为

$$\Delta \boldsymbol{w}(t) = \boldsymbol{e}(t) \cdot \boldsymbol{x} \tag{4-38}$$

权值修正公式

$$\boldsymbol{w}(t+1) = \boldsymbol{w}(t) + \eta \cdot \Delta \boldsymbol{w}(t) \tag{4-39}$$

3) Delta(δ)学习规则

1986 年，认知心理学家 McClelland 和 Rume Chart 在神经网络训练中引入了 Delta(δ)规则，该规则也称连续感知器学习规则。

设输入样本 $\boldsymbol{x} = (x_1, x_2, \cdots, x_n)^{\mathrm{T}}$，当前权值 $\boldsymbol{w}(t) = (w_1, w_2, \cdots, w_n)^{\mathrm{T}}$，期望输出 $\boldsymbol{d} = (d_1, d_2, \cdots, d_n)^{\mathrm{T}}$，按照 Delta($\delta$)学习规则，基函数为

$$u = \sum_{i=1}^{n} w_i x_i - \theta = \boldsymbol{w}^{\mathrm{T}} \cdot \boldsymbol{x} - \theta \tag{4-40}$$

实际输出为

$$\boldsymbol{y} = f(u) = \frac{1}{1 + \mathrm{e}^{-\lambda u}} \tag{4-41}$$

输出误差为

$$E = \frac{1}{2} (\boldsymbol{d} - \boldsymbol{y})^2 = \frac{1}{2} [\boldsymbol{d} - f(u)]^2 \tag{4-42}$$

神经元权值调节 δ 学习规则的目的是：通过训练权值 $\boldsymbol{w}$，使得对于训练样本对 (x, d)，神经元的输出误差 E 达最小，误差 E 是权向量 $\boldsymbol{w}$ 的函数，欲使误差 E 最小，$\boldsymbol{w}$ 应与误差的负梯度成正比，即 $\Delta \boldsymbol{w} = -\eta \cdot \nabla E$，其中，比例系数 η 是一个常数，误差梯度为

$$\nabla E = [\boldsymbol{d} - f(u)] \cdot f'(u) \cdot \boldsymbol{x} \tag{4-43}$$

权值调整公式为

$$\boldsymbol{w}(t+1) = \boldsymbol{w}(t) - \eta \cdot [\boldsymbol{d} - f(\boldsymbol{w}^{\mathrm{T}} \cdot \boldsymbol{x})] \cdot f(\boldsymbol{w}^{\mathrm{T}} \cdot \boldsymbol{x}) \cdot \boldsymbol{x} \tag{4-44}$$

该学习规则常用于单层、多层神经网络和 BP 网络。

4) 最小均方(LMS)学习规则

1962 年，Bernard Widrow 和 Marcian Hoff 提出了 Widrow-Hoff 学习规则，因为它能使神经元实际输出与期望输出之间的平方差最小，故又称最小均方规则(LMS)。

在 δ 学习规则中，若激活函数 $f(\cdot)$ 取：$\boldsymbol{y} = f(\boldsymbol{w}^{\mathrm{T}} \cdot \boldsymbol{x}) = \boldsymbol{w}^{\mathrm{T}} \cdot \boldsymbol{x}$，则 δ 学习规则就成为 LMS 学习规则。

设输入样本 $\boldsymbol{x} = (x_1, x_2, \cdots, x_n)^{\mathrm{T}}$，当前权值 $\boldsymbol{w}(t) = (w_1, w_2, \cdots, w_n)^{\mathrm{T}}$，期望输出 $\boldsymbol{d} = (d_1, d_2, \cdots, d_n)^{\mathrm{T}}$，基函数为

$$u = \sum_{i=1}^{n} w_i x_i - \theta = \boldsymbol{w}^{\mathrm{T}} \cdot \boldsymbol{x} - \theta \tag{4-45}$$

实际输出为

$$\boldsymbol{y} = f(u) = \boldsymbol{w}^{\mathrm{T}} \cdot \boldsymbol{x} \tag{4-46}$$

输出误差为

$$E = \frac{1}{2}(\boldsymbol{d} - \boldsymbol{y})^2 = \frac{1}{2}(\boldsymbol{d} - \boldsymbol{w}^{\mathrm{T}} \cdot \boldsymbol{x})^2 \tag{4-47}$$

误差梯度为

$$\nabla E = (\boldsymbol{d} - \boldsymbol{w}^{\mathrm{T}} \cdot \boldsymbol{x}) \cdot \boldsymbol{x} \tag{4-48}$$

权值调整公式为

$$\boldsymbol{w}(t+1) = \boldsymbol{w}(t) - \eta \cdot (\boldsymbol{d} - \boldsymbol{w}^{\mathrm{T}} \cdot \boldsymbol{x}) \cdot \boldsymbol{x} \tag{4-49}$$

该学习规则常用于自适应线性单元。

5）竞争学习规则

竞争学习规则也称为胜者为王（Winner-Take-All）学习规则，用于无监督学习。一般将网络的某一层确定为竞争层，对于一个特定的输入 $\boldsymbol{x}$，竞争层的所有神经元均有输出响应，其中响应值最大的神经元 m 为在竞争中获胜的神经元，即

$$\boldsymbol{w}_m^{\mathrm{T}} \cdot \boldsymbol{x} = \max_{i=1,2,\cdots,p} (\boldsymbol{w}_i^{\mathrm{T}} \cdot \boldsymbol{x}) \tag{4-50}$$

只有获胜的神经元才有权调整其权向量 $\boldsymbol{w}_m$，调整量为

$$\Delta \boldsymbol{w}_m = \alpha \cdot (\boldsymbol{x} - \boldsymbol{w}_m) \tag{4-51}$$

式中 $\alpha \in (0, 1]$，是学习常数，一般其值随着学习进展的增大而减小。

由于两个向量的点积越大，表明两者越近似，所以调整获胜神经元权值的目的是使 $\boldsymbol{w}_m$ 进一步接近当前输入 $\boldsymbol{x}$。显然，当下次出现与 $\boldsymbol{x}$ 相似的输入模式时，上次获胜的神经元更容易获胜，在反复的竞争学习过程中，竞争层的各神经元所对应的权向量被逐渐调整为样本空间的聚类中心。

4. 数学建模中常用的两种网络

在数学建模中，常用的人工神经网络主要有两类：一是基于误差反向传播算法的前馈神经网络，比如 BP 神经网络，主要用于实现非线性映射；二是自相连映射神经网络，比如 Hopfield 神经网络，主要用于聚类和模式识别等。

1）BP 网络算法

BP 网络是有监督训练的前馈多层网络，其训练算法为 BP（Back Propagation）算法，是靠调节各层的加权，使网络学会由输入输出对组成的训练组的特性。图 4.3.14 为 BP 网络的结构图。下面进行 BP 算法推导。

设输入向量 $\boldsymbol{X} = (x_0, x_1, x_2, \cdots, x_n)^{\mathrm{T}}$，$x_0 = -1$，$i = 1, \cdots, n$，隐层输出向量 $\boldsymbol{Y} = (y_0, y_1, y_2, \cdots, y_m)^{\mathrm{T}}$，$y_0 = -1$，$j = 1, \cdots, m$，输出层输出向量 $\boldsymbol{O} = (o_1, o_2, \cdots, o_l)^{\mathrm{T}}$，$k = 1, \cdots, l$，期望输出向量 $\boldsymbol{d} = (d_1, d_2, \cdots, d_l)^{\mathrm{T}}$，$k = 1, \cdots, l$，输入层到隐层之间的权值矩阵 $\boldsymbol{V} = (V_1, V_2, \cdots, V_m) \in R^{n \times m}$，$j = 1, \cdots, m$，列向量 $\boldsymbol{V}_j$ 为隐层第 j 个神经元对应

的权向量，$\boldsymbol{V}_j=(V_{1j}, V_{2j}, \cdots, V_{nj})^{\mathrm{T}} \in R^n$，$j=1, \cdots, m$。

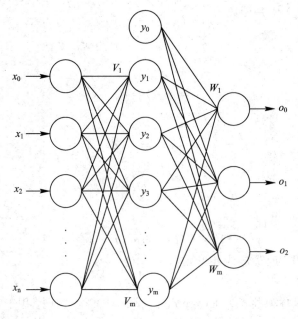

图 4.3.14　三层 BP 网络结构

隐层到输出层之间的权值矩阵 $\boldsymbol{W}=(W_1, W_2, \cdots, W_l) \in R^{m \times l}$，$k=1, \cdots, l$，其中列向量 W_k 为输出层第 k 个神经元对应的权向量，且 $\boldsymbol{W}_k=(W_{1k}, W_{2k}, \cdots, W_{mk})^{\mathrm{T}} \in \mathbf{R}^m$，$k=1, \cdots, l$。

对于输出层，激活函数为

$$O_k=f(u_k), \; k=1, \cdots, l \tag{4-52}$$

该层的网络输入为

$$u_k=\sum_{j=0}^{m} w_{jk} \cdot y_j, \; k=1, \cdots, l \tag{4-53}$$

对于隐层，激活函数为

$$y_j=f(u_j), \; j=1, \cdots, m \tag{4-54}$$

该层的网络输入为

$$u_j=\sum_{i=0}^{n} v_{ij} \cdot x_i, \; j=1, \cdots, m \tag{4-55}$$

以上所选激活函数均为 Sigmoid 函数，它是连续可导的。例如，令

$$f(x)=\frac{1}{1+\mathrm{e}^{-x}} \tag{4-56}$$

则

$$f'(x)=f(x)[1-f(x)] \tag{4-57}$$

定义输出误差为

$$E=\frac{1}{2}(\boldsymbol{d}-\boldsymbol{O})^2=\frac{1}{2}\sum_{k=1}^{l}(d_k-O_k)^2 \tag{4-58}$$

将以上误差定义式代入输出层，有

$$E=\frac{1}{2}\sum_{k=1}^{l}\left[d_k-f\left(\sum_{j=0}^{m} w_{jk} \cdot y_j\right)\right]^2 \tag{4-59}$$

进一步展开至隐层，有

$$E = \frac{1}{2} \sum_{k=1}^{l} \left\{ d_k - f \left[\sum_{j=0}^{m} w_{jk} \cdot f \left(\sum_{i=0}^{n} v_{ij} \cdot x_i \right) \right] \right\}^2 \qquad (4-60)$$

从式(4-59)、式(4-60)可以看出，误差 E 是各层权值 w_{jk}、v_{ij} 的函数。调整权值可使误差 E 不断减小，因此，应使权值的调整量与误差的梯度下降成正比，即

$$\Delta w_{jk} = -\eta \cdot \frac{\partial E}{\partial w_{jk}}, \ (j=0, 1, \cdots, m, k=1, 2, \cdots, l) \qquad (4-61)$$

$$\Delta v_{ij} = -\eta \cdot \frac{\partial E}{\partial v_{ij}}, \ (i=0, 1, 2, \cdots, n, j=1, \cdots, m) \qquad (4-62)$$

式中：负号表示梯度下降；常数 $\eta \in (0,1)$ 在训练中表示学习速率，一般取 $0.1 \sim 0.7$。

根据式(4-61)、式(4-62)，可对连接权值进行调整。下面进行对连接权调整的理论推导，在以下推导过程中，有 $i=1, 2, \cdots, n$，$j=0, 1, \cdots, m$，$k=1, 2, \cdots, l$。由式(4-61)、式(4-62)得

$$\Delta w_{jk} = -\eta \cdot \frac{\partial E}{\partial w_{jk}} = -\eta \cdot \frac{\partial E}{\partial u_k} \cdot \frac{\partial u_k}{\partial w_{jk}} \qquad (4-63)$$

$$\Delta v_{ij} = -\eta \cdot \frac{\partial E}{\partial v_{ij}} = -\eta \cdot \frac{\partial E}{\partial u_j} \cdot \frac{\partial u_j}{\partial v_{ij}} \qquad (4-64)$$

对于输出层和隐层，分别定义一个误差信号，记为

$$\delta_k^o = -\frac{\partial E}{\partial u_k}, \ \delta_j^y = -\frac{\partial E}{\partial u_j} \qquad (4-65)$$

根据式(4-53)和式(4-65)，式(4-63)可写为

$$\Delta w_{jk} = \eta \cdot \delta_k^o \cdot \frac{\partial u_k}{\partial w_{jk}} = \eta \cdot \delta_k^o \cdot y_j \qquad (4-66)$$

根据式(4-55)和式(4-65)，式(4-64)可写为

$$\Delta v_{ij} = \eta \cdot \delta_j^y \cdot \frac{\partial u_k}{\partial v_{ij}} = \eta \cdot \delta_j^y \cdot x_i \qquad (4-67)$$

由式(4-66)、式(4-67)可知，为调整连接值，只需求出误差信号 δ_k^o、δ_j^y。事实上，它们可展开为

$$\delta_k^o = -\frac{\partial E}{\partial u_k} = -\frac{\partial E}{\partial o_k} \cdot \frac{\partial o_k}{\partial u_k} = -\frac{\partial E}{\partial o_k} \cdot f'(u_k) \qquad (4-68)$$

$$\delta_j^y = -\frac{\partial E}{\partial u_j} = -\frac{\partial E}{\partial y_j} \cdot \frac{\partial y_j}{\partial u_j} = -\frac{\partial E}{\partial y_j} \cdot f'(u_j) \qquad (4-69)$$

又由式(4-58)、式(4-59)可得

$$\frac{\partial E}{\partial O_k} = -(d_k - O_k) \qquad (4-70)$$

$$\frac{\partial E}{\partial y_j} = -\sum_{k=1}^{l} (d_k - O_k) \cdot f'(u_k) \cdot w_{jk} \qquad (4-71)$$

将式(4-70)、式(4-71)分别代入式(4-68)、式(4-69)，并利用式(4-56)，得

$$\delta_k^o = (d_k - O_k) \cdot O_k \cdot (1 - O_k) \qquad (4-72)$$

$$\delta_j^y = \left[\sum_{k=1}^{l} (d_k - O_k) \cdot f'(u_k) \cdot w_{jk} \right] \cdot f'(u_j) = \left(\sum_{k=1}^{l} \delta_k^o \cdot w_{jk} \right) \cdot y_j \cdot (1 - y_j)$$

$$(4-73)$$

至此，得到了两个误差信号的计算公式，将它们代入式（4-66）、式（4-67），就得到了 BP
算法连接权的值调整计算公式，即

$$\Delta w_{jk} = \eta \cdot \delta_k^o \cdot y_j = \eta \cdot (d_k - O_k) \cdot O_k \cdot (1 - O_k) \cdot y_j \qquad (4-74a)$$

$$\Delta v_{ij} = \eta \cdot \delta_j^y \cdot x_i = \eta \cdot \left(\sum_{k=1}^{l} \delta_k^o \cdot w_{jk} \right) \cdot y_j \cdot (1 - y_j) \cdot x_i \qquad (4-74b)$$

2）Hopfield 网络算法与实现

Hopfield 网络是单层对称全反馈网络，根据激活函数选取的不同，可分为离散型和连
续型；根据神经网络运行过程中的信息流向，可分为前馈式和反馈式。前馈网络的输出仅
由当前输入和权矩阵决定，而与网络先前的输出状态无关。

一般地，神经元信息的传递需要对神经元进行刺激，这就是信息的输入，这部分是由
树突完成的，当然对于不同的神经元而言输入信息的种类不同。

信息输入的形式是以局部电流的形式，但由于每一个生物神经元的始端与任意一个神
经元的突触距离是不同的，所以要考虑在总和之前乘以不同的权值。而在始端的电位类似
于感觉神经元的性质，只是此处的输入可以视为电流在始端处加权后电流的总和。

信息的输出结果则是由各突触在始端的电位大小与此神经元的阈值大小的关系决定
的。如果神经元的输出只取 1 和 0 这两个值，那么该网络称为离散 Hopfield 神经网络。在
离散 Hopfield 网络中，所采用的神经元都是二值神经元。因此，所输出的离散值 1 和 0 分
别表示神经元处于激活和抑制状态。

考虑由三个神经元组成的离散 Hopfield 神经网络，其结构如图 4.3.15 所示。

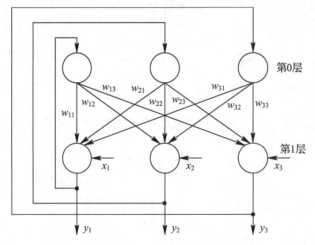

图 4.3.15　离散 Hopfield 神经网络图

在图 4.3.15 中，第 0 层仅作为网络的输入，它不是实际神经元，所以无计算功能；第 1
层是实际神经元，故而执行对输入信息与权系数乘积求累加和，并由非线性函数 f 处理后
产生输出信息。f 是一个简单的阈值函效，如果神经元的输出信息大于阈值 θ，则神经元的
输出就取值为 1；如果神经元的输出信息小于阈值 θ，则神经元的输出就取值为 0。

在 Hopfield 网络中，信息的传递由输入、连接权、网络输入以及输出构成。Hopfield
神经网络由单层全互连的神经元组成，神经元没有自连接，即 $w_{ii} = 0$；神经元与神经元之
间的连接是对称的，即 $w_{ij} = w_{ji}$，故各神经元之间的权向量

$$W = \begin{bmatrix} 0 & w_{12} & w_{13} \\ w_{12} & 0 & w_{23} \\ w_{13} & w_{23} & 0 \end{bmatrix} \qquad (4-75)$$

当用 Hopfield 网络作为相连存储器时，设有 m 个样本向量 $\boldsymbol{X}_1$，$\boldsymbol{X}_2$，$\boldsymbol{X}_3$，$\cdots$，$\boldsymbol{X}_m$ 要存入 Hopfield 神经网络中，则 $\boldsymbol{W}$ 以及第 i 个神经元与第 j 个神经元之间相连的权值 w_{ij} 为

$$\boldsymbol{W} = \boldsymbol{X}_1^{\mathrm{T}}\boldsymbol{X}_1 + \boldsymbol{X}_2^{\mathrm{T}}\boldsymbol{X}_2 + \cdots + \boldsymbol{X}_m^{\mathrm{T}}\boldsymbol{X}_m \qquad (4-76)$$

$$w_{ij} = \begin{cases} \displaystyle\sum_{s=1}^{m} X_i^s X_j^s, & i \neq j \\ 0, & i = j \end{cases} \qquad (4-77)$$

即当 w_{ij} 在 $i=j$ 时等于 0，则说明一个神经元的输出并不会反馈到它自己的输入，这时，离散的 Hopfield 网络称为无自反馈网络；当 w_{ij} 在 $i \neq j$ 时不等于 0，则说明一个神经元的输出会反馈到它自己的输入，这时，离散的 Hopfield 网络称为有自反馈网络。

离散 Hopfield 网络二值输出为

$$o_k(t+1) = \varepsilon(y_k - \theta) = \begin{cases} 1, & y_k \geqslant \theta \\ 0, & y_k < \theta \end{cases} \qquad (4-78)$$

且

$$X(t+1) = \varepsilon[WX(t) - \theta] \qquad (4-79)$$

连续 Hopfield 网络的拓扑结构和离散 Hopfield 网络的结构相同。这种拓扑结构和生物的神经系统中大量存在的神经反馈回路是一致的。在连续 Hopfield 网络中，其稳定条件也要求 $w_{ij} = w_{ji}$，这和离散 Hopfield 网络一致。连续 Hopfield 网络和离散 Hopfield 网络的不同之处在于其输入不是脉冲函数，而是连续的 S 型函数。

习　题

4.1　大数据的特点有哪些？

4.2　云计算的关键技术有哪些？

4.3　机器学习需要哪些数学基础？

4.4　如何利用 Matlab 实现贝叶斯分类器算法？

4.5　现有一个二维的数据集，如表 1 所示。将其划分为两个类别（选取 O_1 和 O_5 为两个初始簇心）。

表 1　二　维　数　据　集

O	X	Y
1	1	1
2	2	2
3	3	4
4	4	4
5	5	5

4.6 表2是一组人类身体特征的统计资料，已知某人身高 6 英尺、体重 130 磅、脚掌 8 英寸，请问这个人是男是女？

表 2   人类身体特征统计

性别	身高/英尺	体重/磅	脚掌/英寸
男	6	180	12
男	5.92	190	11
男	5.58	170	12
男	5.92	165	10
女	5	100	6
女	5.5	150	8
女	5.42	130	7
女	5.75	150	9

第 5 章
物联网典型应用

物联网有许多广泛的用途，遍及智慧交通、环境保护、政府工作、公共安全、平安家居、智能消防、工业监测、老人护理、个人健康、花卉栽培、水系监测、食品溯源、敌情侦查和情报搜集等多个领域。物联网把新一代 IT 技术充分运用在各行各业之中，具体地说，就是把感应器嵌入和装备到电网、铁路、桥梁、隧道、公路、建筑、供水系统、大坝、油气管道等各种物体中，然后将"物联网"与现有的互联网整合起来，实现人类社会与物理系统的整合。这个整合的网络当中，存在能力超级强大的中心计算机群，能够对整合网络内的人员、机器、设备和基础设施实施实时的管理和控制。在此基础上，人类可以以更加精细和动态的方式管理生产和生活，达到"智慧"状态，提高资源利用率和生产力水平，改善人与自然间的关系。毫无疑问，如果"物联网"时代来临，人们的日常生活将发生翻天覆地的变化。然而，不考虑隐私权和辐射问题，单把所有物品都植入识别芯片这一点现在看来还不太现实。人们正走向"物联网"时代，但这个过程可能需要很长的时间。本章分别从智慧医疗、智慧交通、智能家居以及智慧物流等几个方面介绍了物联网的典型应用。

5.1　物联网业务平台

1. 物联网业务的概念

物联网业务就是物联网市场价值的实现模式和载体。在物联网产业链中，一侧输入的是经营资源，一侧输出的是企业价值，中间实现这种转换的就是业务形态。

成功的物联网业务形态能使企业运行的内外各要素整合起来，形成高效率的具有核心竞争力的运行系统，并通过提供产品和服务，达到持续赢利的目的。

目前，物联网业务主要集中在三大行业和三大领域。三大行业主要是公共服务、交通运输、个人用户；三大领域主要是安全监控、移动支付与管理、自动化和远程管理。

2. 物联网业务的分类

目前可以纳入物联网范围的应用很多，分类方式也很多，按照技术特征大致可以把物联网的业务分为四类，即身份相关业务、信息汇聚型业务、协同感知型业务和泛在服务。

1）身份相关业务

身份相关业务类应用主要是指利用射频识别、二维码、条码等可以标志身份的技术，并基于身份所提供的各类服务。身份相关业务按照终端是去识别其他身份信息还是被识别，可以分为主动模式和被动模式，按照服务是提供给个人还是提供给企业，又可以分为个人应用和企业业务两大类。

2）信息汇聚型业务

信息汇聚型业务主要是物联网终端采集、处理、经通信网络上报数据，由物联网平台处理，提交给具体的应用和服务，由物联网平台统一对物联网终端、数据、应用和服务以及第三方进行统一管理。具体的应用类型有自动抄表、电梯管理、物流、交通管理等。

3）协同感知型业务

协同感知型业务主要是物联网终端之间、物联网终端和人之间执行更为复杂的通信，同时，这种通信能力在可靠性、时延等方面可能有更高的要求。

4）泛在服务

泛在服务以无所不在、无所不包、无所不能为基本特征，以实现在任何时间、任何地点、任何人、任何物都能顺畅地通信为目标，是人类通信服务的极致。

泛在服务通过底层全连通的、可靠的、智能的网络，以及融合的 IT 技术和通信技术，将通信服务扩展到教育、金融、智能建筑、交通物流、健康医疗、灾害管理、安全服务等行业，为人们提供更好的服务。

3. 物联网业务系统架构

EPCglobal 提出了 Auto - ID 系统的五大技术组成，分别是 EPC（电子产品码）标签、RFID 标签阅读器、ALE 中间件（实现信息的过滤和采集）、EPCIS 信息服务系统以及信息发现服务（包括 ONS 和 PML）。

对象命名服务（Object Name Service, ONS）采用域名解析服务（DNS）的基本原理来处理电子产品码与对应的 EPCIS 信息服务器地址的查询和映射管理。ONS 服务原理如图5.1.1 所示。EPCIS 是 EPC 得以应用的关键，在 EPC 系统中担负着物品信息采集和交换的功能。

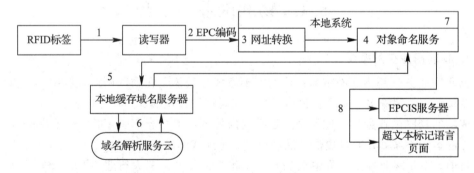

图 5.1.1　ONS 服务原理图

EPC 电子码产品识别只是"标签"，所有的有用的产品信息都用一种新型的标准的XML 语言—实体标示语言（Physical Markup Language, PML）。有了 ONS 和 PML，以RFID 为主的 EPC 系统才真正地从 Network of Thing 走向了物联网。

5.2　M2M

20 世纪 90 年代中后期，通信技术的发展给生活带来了较大的变化。人与人之间可以更加快捷地沟通，信息的交流更顺畅。人们开始越来越多地关注如何对设备和资产进行有效的监控和控制，甚至如何用设备控制设备，M2M 理念由此起源。

1. M2M 简介

M2M 是 Machine-to-Machine 的简称，即"机器对机器"的缩写。M2M 有狭义和广义之分。狭义的 M2M 指机器到机器的通信；广义的 M2M 指以机器终端智能交互为核心的、网络化的应用与服务（如图 5.2.1 所示）。

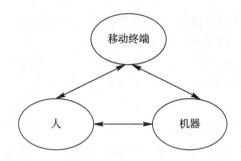

图 5.2.1　M2M 概念

M2M 设备是能够回答包含在一些设备中的数据的请求或能够自动传送包含在这些设备中的数据的设备。M2M 聚焦在无线通信网络应用上，是物联网应用的一种主要方式。目前，M2M 应用遍及电力、交通、工业控制、零售、公共事业管理、医疗、水利、石油等多个行业，涉及车辆防盗、安全监测、自动售货、机械维修、公共交通管理等领域。

2. M2M 技术组成

M2M 系统结构中涉及五个重要的支撑技术，包括智能化机器、M2M 硬件、通信网络、中间件和应用。

1）智能化机器

实现 M2M 的首要步骤就是从机器/设备中获得数据，之后把它们通过网络发送出去。M2M 系统中的机器应该是高度智能化的机器，即机器具有"开口说话"的能力，具备信息感知、信息加工（计算能力）、无线通信能力。使机器具备"说话"能力的基本方法有两种：在生产设备的时候嵌入 M2M 硬件；对已有机器进行改装，使其具备与其他 M2M 终端通信组网的能力。

2）M2M 硬件

M2M 硬件是使机器获得远程通信和联网能力的部件。在 M2M 系统中，M2M 硬件的功能主要是进行信息的提取，从各种机器设备那里获取数据，并传送到通信网络。

目前，现有的 M2M 硬件产品可分为嵌入式硬件、可改装硬件、调制解调器（Modem）、传感器和识别标识五种。

3）通信网络

通信网络在整个 M2M 技术框架中处于核心地位，包括广域网（无线移动通信网络、卫星通信网络、Internet、公众电话网）、局域网（以太网、WLAN、Bluetooth）、个域网（ZigBee、传感器网络）。

在 M2M 技术框架的通信网络中，移动通信网络起着重要作用。4G 移动网络除了提供语音服务外，还提供数据业务的开拓。现在建立的 M2M 通信的解决思路一般是利用相当普遍的移动蜂窝网。基于蜂窝网络的 M2M 通信可以提供具有移动、加密、易于安装等特点的一体化方案。

4）中间件

中间件在通信网络和 IT 系统间起桥接作用。中间件包括两部分，即 M2M 网关和数据收集与集成部件。

网关是 M2M 系统中的"翻译员"，它获取来自通信网络的数据，将数据传送给信息处理系统，主要的功能是完成不同通信协议之间的转换。

数据收集与集成部件可以将数据变成有价值的信息。该部件对原始数据进行不同的加工和处理，并将结果呈现给需要这些信息的观察者和决策者。

5）应用

在 M2M 系统中，应用的主要功能是通过数据融合、数据挖掘等技术把通过感知和传输获得的信息进行分析和处理，为决策和控制提供依据，实现智能化的 M2M 业务应用和服务。

M2M 应用通过标准化的接口与 M2M 平台进行交互，对终端设备进行数据查询、处理以及通过 M2M 平台进行终端设备控制与管理等。M2M 应用可以由运营商、系统集成商、业务提供商或者用户提供。

3. M2M 系统结构

M2M 业务流程涉及众多环节，其中数据通信过程内部也涉及多个业务系统，包括 M2M 终端、M2M 管理平台和 M2M 应用系统三个主要部分。

1）M2M 终端

M2M 终端具有的功能主要包括接收远程 M2M 平台激活指令、本地故障报警、数据通信使用短信息、彩信等几种接口通信协议并与 M2M 平台进行通信。

2）M2M 管理平台

M2M 管理平台为客户提供统一的移动行业终端管理、终端设备鉴权；支持多种网络接入方式，提供标准化的接口使得数据传输简单直接；提供数据路由、监控、用户鉴权等管理功能。M2M 管理平台按照功能划分为通信接入模块、终端接入模块、应用接入模块、业务处理模块、数据库模块、Web 模块等。

3）M2M 应用系统

M2M 终端获得了信息后，本身不处理这些信息，而是将这些信息集中到应用平台上来处理。M2M 应用系统的功能是把传输来的信息进行分析，做出正确的控制和决策，实现智能化的管理、应用和服务。应用系统的业务集中化可以提高处理速度，降低终端处理能力要求，从而可以减小体积，节约成本。

4. M2M 业务

M2M 将无线通信应用于机器设备控制领域,M2M 的应用只是物联网的雏形。作为物联网的基本构成,M2M 应用将会更加丰富和多元化,促进企业聚集、市场应用解决方案的不断整合和提升,进而带动各行业、大型企业的应用市场。同时,机器终端将成为移动通信未来的重要组成部分,物联网与移动通信相结合将为机器插上移动的"翅膀"。

M2M 系统的优点主要体现在以下几个方面:

(1) 无需人工干预,实现数据自动上传,提高信息处理效率;

(2) 监控终端运行状态,保障业务稳定运行;

(3) 以无线方式传输数据,避免布线,节约成本;

(4) 可实现实时监控和控制,时效性高;

(5) 数据保存时间长,存储安全;

(6) 数据集中处理与保存,实现信息集中管理。

5.3　智慧医疗

智慧医疗是通过打造健康档案区域医疗信息平台,利用最先进的物联网技术,实现患者与医务人员、医疗机构、医疗设备之间的互动,逐步达到信息化。在不久的将来,医疗行业将融入更多人工智慧、传感技术等高科技,使医疗服务走向真正意义的智能化,推动医疗事业的繁荣发展。在中国新医改的大背景下,智慧医疗正在走进寻常百姓的生活。

1. 智慧医疗概述

随着人均寿命的延长、出生率的下降和人们对健康的关注,现代社会人们需要更好的医疗系统。在这种情况下,远程医疗、电子医疗(e-Health)就显得非常急需。借助于物联网、云计算技术、人工智能的专家系统、嵌入式系统的智能化设备,可以构建起完备的物联网医疗体系,使全民平等地享受顶级的医疗服务,减少由于医疗资源缺乏,导致看病难、医患关系紧张、事故频发等现象。

早在 2004 年,物联网技术便应用于医疗行业,当时美国食品药品监督管理局(FDA)采取大量实际行动促进 RFID 的实施和推广,政府相关机构通过立法,规范 RFID 技术在药物的运输、销售、防伪、追踪体系中的应用。美国医院采用基于 RFID 技术的新生儿管理系统,利用 RFID 标签和阅读器,确保新生儿和小儿科病人的安全。

2008 年年底,IBM 提出了"智慧医疗"的概念,设想把物联网技术充分应用到医疗领域,推动医疗信息互联、共享协作、临床创新、诊断科学以及公共卫生预防等。

2. 物联网技术在智慧医疗中的应用

智慧医疗结合无线网技术、条码 RFID 技术、物联网技术、移动计算技术、数据融合技术等,将进一步提升医疗诊疗流程的服务效率和服务质量,提升医院综合管理水平,实现监护工作无线化,全面改变和解决现代化数字医疗模式、智慧医疗及健康管理、医院信息系统等方面的问题和困难,并大幅度实现医疗资源高度共享,降低公众医疗成本。

通过电子医疗和 RFID 物联网技术能够使大量的医疗监护工作实现无线化,而远程医疗和自助医疗,以及信息及时采集和高度共享,可缓解资源短缺、资源分配不均的窘境。

RFID 技术在智慧医疗领域可用于医院的耗材管理（加拿大医院采用 RFID 技术补充耗材）、血液管理（RFID 在血液管理中的应用）、药品的追踪溯源（德国制药厂商使用超高频标签追踪药品）等方面。

3. 智慧医疗的现状

智慧医疗的发展分为七个层次：一是业务管理系统，包括医院收费和药品管理系统；二是电子病历系统，包括病人信息、影像信息；三是临床应用系统，包括计算机医生医嘱录入系统（CPOE）等；四是慢性疾病管理系统；五是区域医疗信息交换系统；六是临床支持决策系统；七是公共健康卫生系统。

总体来说，中国处在从第一、第二阶段向第三阶段发展的阶段，还没有建立真正意义上的 CPOE，主要是由于缺乏有效数据，数据标准不统一，加上供应商欠缺临床背景，在从标准转向实际应用方面也缺乏标准指引。中国要想从第二阶段进入到第五阶段，涉及许多行业标准和数据交换标准的形成，这也是未来需要改善的方面。

在远程智慧医疗方面，国内发展比较快、比较先进的医院在移动信息化应用方面已经走到了前面。比如，可实现病历信息、病人信息、病情信息等的实时记录、传输与处理利用，使得在医院内部和医院之间通过联网，实时地、有效地共享相关信息，这对实现远程医疗、专家会诊、医院转诊等可以起到很好的支撑作用。这主要源于政策层面的推进和技术层面的支持。但目前智慧医疗欠缺的是长期运作模式，缺乏规模化、集群化的产业发展，此外还面临成本高昂、安全性及隐私问题等，这也为未来智慧医疗带来了挑战。

4. 智慧医疗的发展趋势

将物联网技术用于医疗领域，利用数字化、可视化模式，可使有限的医疗资源被更多人共享。从目前医疗信息化的发展来看，随着医疗卫生的社区化、保健化，通过射频仪器等相关终端设备在家庭中进行体征信息的实时跟踪与监控，可以实现医院对患者或者是亚健康病人的实时诊断与健康提醒，从而有效地减少和控制疾病的发生与发展。此外，物联网技术在药品管理和用药环节的应用过程中也将发挥巨大作用。

随着移动互联网的发展，未来医疗逐渐向个性化、移动化方向发展，越来越多的手机用户将会使用移动医疗应用，智能胶囊、智能护腕、智能健康检测产品将会得到广泛应用。借助智能手持终端和传感器，人们可有效地测量和传输健康数据。

未来几年，中国智慧医疗市场规模将超过一百亿元，并且涉及的周边产业范围很广，设备和产品种类繁多。这个市场的真正启动，其影响将不仅仅限于医疗服务行业本身，还将直接触动包括网络供应商、系统集成商、无线设备供应商、电信运营商在内的利益链条，从而影响通信产业的现有布局。

随着安全防范体制和技术的进一步完善与提高，医疗行业完全有条件、有能力应用高新科技成果，带领全行业步入一个新的台阶，提供最先进最及时的医疗服务，树立自己的行业形象，并能够高效地为用户服务。为促进医院实现现代化、高效管理的具体要求，现提出结合现今行业发展水平，利用先进技术，采用安全可靠的网络监控解决方案，将监控系统"集成化，网络化"是符合医院保卫工作发展需要的。

5.4 智慧交通

智慧交通系统（Intelligent Traffic System，ITS）又称智慧运输系统（Intelligent Transportation System），是将先进的科学技术（信息技术、计算机技术、数据通信技术、传感器技术、电子控制技术、自动控制理论、运筹学、人工智能等）有效地综合运用于交通运输、服务控制和车辆制造，加强车辆、道路、使用者三者之间的联系，从而形成一种保障安全、提高效率、改善环境、节约能源的综合运输系统。智慧交通系统如图 5.4.1 所示。

图 5.4.1 智慧交通系统

1. 物联网技术在智慧交通中的应用

1）RFID 技术在智慧交通中的应用

在公安交警处理车辆违章方面，电子标签具有数据储存、无线通信数据加密等主要功能。安装电子标签后，车辆在道路行驶的过程中不停地与路过的 RFID 基站读写器进行数据交换。当车辆违反交通规则时，路旁的 RFID 基站读写器和摄像机会通过与车辆的电子标签进行数据交换来采集该车辆的信息和图像。

在交通指示灯方面，目前使用的交通指示灯为按照一定的时间来改变灯的颜色，当路口一边车辆较多而另一边车辆较少时，车辆较多的一边与车辆较少的一边等待交通灯变化的时间相同，这就会增加车辆在交通路口的等待时间，造成更大的交通堵塞。在交通路口引入无线射频技术，统计每一边的车辆数量来控制交通灯改变的时间，这样即可减小拥堵率，提高道路的利用率。

在监测危险品运输方面，根据国家规定，运送危险品的车辆应当上报公安消防部门，经过批准后车辆才可上路行驶。由于受到交通环境和收费等多种因素的影响，运送危险品的车辆擅自改变行驶路线造成严重交通事故的情况时有发生。RFID 技术能够较好地监控危险品运输。在道路的重点位置安装 RFID 基站读写器和摄像机，在运送危险品的车辆上安装电子标签，这样就能 24 小时实时监控车辆的行驶轨迹。

2）通信技术在智慧交通中的应用

光纤通信技术在干线通信方面已有广泛应用，用于构建高速公路或城市道路计算机广域网与局域网，目前主要用于动态称重，道路、隧道及桥梁安全检测，高速公路收费和交通流量检测系统。

卫星通信技术广泛应用于以车辆动态位置为基础的交通监控、调度、导航等服务。我国自行开发的"北斗"卫星导航系统具有定位导航和短报文功能，不依赖任何其他通信手段就可以很容易地实现系统组网。

4G 技术可应用于信息收集系统。信息收集系统是将区域范围内的交通路况等信息利用信息收集设备进行收集，并将信息传输到信息处理中心。4G 技术可应用于信息传输网络。信息传输网络是城市交通信息系统中较为关键的一个环节，也是 4G 移动通信技术应用较多的一个部分。4G 网络与 RFID 的不同之处在于其可以提供更为智能的交互方式。和微机与微机之间的交互方式一样，4G 网络可以实现多节点的交互，例如与不同城市智慧交通系统之间的交互，车辆与车辆之间的交互，与不同种类的信息平台之间的交互。

2. 信息化维护

1）物联网环境下的地铁车辆维护平台

2016 年北京地铁运营里程 554 公里，2016 年日客运量超过 1000 万人次。从 2004 年 12 月到 2016 年 11 月，深圳地铁陆续开通 1 号线、2 号线、3 号线、5 号线、7 号线、9 号线和 11 号线，实现了深圳城轨交通从"线"到"网"的飞跃。

轨道交通建设的快速发展对车辆维修工作提出了更高的要求，如何提高车辆维修质量和效率，确保运营安全，减少人工成本，使管理更加"现代化、智能化、精细化"，是人们始终追求和探索的目标。而传统的车辆维修模式存在维修过程不便于管控和追溯，数据的完整性、准确性、有效性无法得到保证，维修结果具有不确定性，数据需人工进行统计分析等不足。

针对这些不足，北京地铁历时 5 年开发出了地铁车辆维修信息平台。设备维修信息化、智能化系统是以设备维修大数据为基础，以设备检修业务数据的整合与深度挖掘为核心，通过 Web 系统和移动终端向维修人员、技术人员、管理人员、决策层提供现场数据采集、数据分析、数据预测、辅助决策等功能，实现地铁网络化运营条件下设备维修工作量减少、效率提升、设备可靠性增加、设备生命周期延长、运维成本降低的管理目标。

2）大数据背景下的机车维修

传统上，机车车辆检修分为修复性检修（Corrective Maintenance）和预防性检修（Preventive Maintenance）两大类。修复性检修是仅仅当部件正在或已经出现故障、损坏或功能异常后才进行修理或更换，又称事故修或故障修。预防性检修是在部件出现故障以前就提前进行修理或更换。预防性检修中包括计划修（或称定期修）以及状态修。

目前世界各国铁路机车车辆基本上都是采取计划修，这种检修方式是指按一定的检修间隔(或称周期)预先制订好计划进行检修,这些间隔或周期基于列车里程或工作时间,是人们根据同类型机车车辆的使用经验确定的。但是这些周期并不一定能够准确反映不同机车车辆中每个部件的真实健康状态。为了确保安全,人们在确定这些周期的过程中往往选择比较保守,从而造成浪费。因此,计划性检修是不尽合理的。

此外,某些国家铁路还在计划性检修的基础上补充了状态修,即基于状态的检修(Condition – Based Maintenance),利用专门的仪器(传感器)对某些关键部件进行监测,根据部件的状态进行修理或更换。近年,某些国家铁路对状态修进一步发展,形成了新的概念——预见性(或称预测性)检修(Predictive Maintenance)。

由于物联网、大数据、云计算技术的出现以及专用传感器技术的进步,人们能够从列车不同系统采集到大量数据,这意味着可以随时监测列车的机械和电气状态参数、运转效率以及其他性能指数等。然后,利用一定的预测算法检索出这些数据。如果发现了表征潜在故障的指示,那么就启动检修程序,在故障即将发生而还未发生以前,对其进行检修或更换,这就是预见性检修。预见性检修使得人们可以把机车车辆一切机械和电气部分的意外损坏降至最低程度并确保把检修过的部件保持在可以接受的状态。这种检修能够充分利用部件的工作寿命,实现最大程度的节约。在这个创新的检修体系下,当机车车辆的部件快要损坏时才对其进行修理或更换,这样就减少了由于部件真正损坏导致计划外的运输中断的数量和成本,也避免过早修理或更换造成的不必要的浪费。大数据下的机车维修如图5.4.2所示。

图 5.4.2　大数据下的机车维修

目前,法国、德国、意大利等国铁路公司都已经在应用或正在试验机车车辆的预见性检修。

3. 智慧交通的发展趋势

智慧交通行业有其管理的特殊性,既有施工分包,又属于系统集成,既是智能项目的总包商,又是公路交通大项目中的专项分包商,而且设备的采购在整体管理中所占的比重也很高。项目信息管理系统包括合同清单、预算清单、采购计划、采购申请、采购订单、采购入库、到货验收、安装调试和报验收款等在内的一系列全程管理。

智慧交通系统是未来交通系统的发展方向,它是将先进的信息技术、数据通信传输技术、电子传感技术、控制技术及计算机技术等有效地集成运用于整个地面交通管理系统而建立的一种在大范围内全方位发挥作用的,实时、准确、高效的综合交通运输管理系统。

目前我国智慧交通系统主要应用于三大领域。一是城市间道路(包括高速公路、省级道路)信息化。二是城市道路交通管理,综合性的信息平台成为这一领域的应用热点。此外,这一领域还包括智能信号控制系统、电子警察、车载导航系统等。三是城市公交,通过智能公交系统显示车辆的即时位置,为车辆的运行管理提供依据,并与交通信号灯相结合,保证公交车辆行驶过程中的畅通,缩减公交车的行驶时间、提高准点率。

智慧交通系统可以有效地利用现有交通设施、减少交通负荷和环境污染、保证交通安全、提高运输效率,因此日益受到各国的重视。

智慧交通的发展与物联网的发展是分不开的,只有物联网技术概念的不断发展,才能使智慧交通系统越来越完善。智慧交通是交通的物联化体现。

人们未来将要采用的智慧交通系统是一种先进的一体化交通综合管理系统。在该系统中,车辆靠自身的智能在道路上自由行驶,公路靠自身的智能将交通流量调整至最佳状态,借助于这个系统,管理人员将准确地掌握道路、车辆的行踪。

5.5 智能家居

智能家居(Smart Home 或 Home Automation)是以住宅为平台,利用综合布线技术、网络通信技术、安全防范技术、自动控制技术、音视频技术将与家居生活有关的设施集成,构建高效的住宅设施与家庭日程事务的管理系统,提升家居安全性、便利性、舒适性、艺术性,并实现环保节能的居住环境。

1. 物联网技术在智能家居中的应用

1) RFID 技术在智能家居中的应用

(1) 门禁系统是 RFID 技术在智能建筑中最早也是最成熟的应用之一。智能家居中的门禁系统如图 5.5.1 所示。

图 5.5.1 智能家居中的门禁系统

(2) 自动抄表系统由用户控制终端通过智能仪表接口或其他总线直接连接用户居民的电表,自动读取每家的电表数据,并通过终端上的 RFID 卡按时把各数据传送到小区物业的计算机上。

2) WSN 技术在智能家居中的应用

由于无线传感器网络的灵活性、移动性和可扩展性,可以在建筑物内布置各种无线传感器，利用这些无线传感器获取建筑物内各种参数，从而实施控制并优化各个家居子系统。

采用 WSN 技术，将安全防范和智能监控子系统中的各种报警与探测传感器组合，构建一个具有无线传感器网络功能的新型安全防范系统，将很大程度上促进智能家居安全防范的网络化、数字化、智能化。

2. 智能家居的发展背景

智能家居是在互联网影响之下物联化的体现。智能家居通过物联网技术将家中的各种设备(如音视频设备、照明系统、窗帘控制、空调控制、安防系统、数字影院系统、影音服务器、影柜系统、网络家电等)连接到一起，提供家电控制、照明控制、电话远程控制、室内外遥控、防盗报警、环境监测、暖通控制、红外转发以及可编程定时控制等多种功能和手段。与普通家居相比，智能家居不仅具有传统的居住功能，而且兼具建筑、网络通信、信息家电、设备自动化功能，提供全方位的信息交互功能，甚至为各种能源费用节约资金。

智能家居的概念起源很早，但一直没有具体的建筑案例出现，直到 1984 年美国联合科技公司将建筑设备信息化、整合化概念应用于美国康涅狄格州(Connecticut)哈特佛市(Hartford)的 City Place Building 时，才出现了首栋"智能型建筑"，从此揭开了全世界争相建造智能家居的序幕。

1) 家庭自动化系统

家庭自动化系统指利用微处理电子技术来集成或控制家中的电子电器产品或系统，如照明灯、咖啡炉、电脑设备、保安系统、暖气及冷气系统、视讯及音响系统等。家庭自动化系统主要是以一个中央微处理机(Central Processor Unit，CPU)接收来自相关电子电器产品的信息(外界环境因素的变化，如太阳初升或西落等所造成的光线变化等)，再以既定的程序将适当的信息发送给其他电子电器产品。中央微处理机必须透过许多界面来控制家中的电器产品，这些界面可以是键盘，也可以是触摸式荧幕、按钮、电脑、电话机、遥控器等；消费者将信号发送至中央微处理机，或接收来自中央微处理机的信号。

家庭自动化系统是智能家居的一个重要系统，在智能家居刚出现时，家庭自动化系统甚至就等同于智能家居，今天它仍是智能家居的核心之一。但随着网络技术在智能家居中的普遍应用，网络家电、信息家电逐渐成熟，家庭自动化产品的许多功能将融入这些新产品中，从而使单一的家庭自动化产品在系统设计中越来越少，其核心地位也将被家庭网络、家庭信息系统所代替。

2) 家庭网络

"家庭网络"不等同于"家庭局域网"，"家庭局域网"是指连接家庭里的 PC、各种外设及与因特网互联的网络系统，它只是家庭网络的一个组成部分。家庭网络是在家庭范围内(可扩展至邻居、小区)将 PC、家电、安全系统、照明系统与广域网互联的一种新技术。当前在家庭网络所采用的连接技术可以分为"有线"和"无线"两大类。有线方案主要包括双绞线或同轴电缆连接、电话线连接、电力线连接等；无线方案主要包括红外线连接、无线电连接、基于 RF 技术的连接和基于 PC 的无线连接等。

家庭网络与传统的办公网络相比，加入了很多家庭应用产品和系统，如家电设备、照明系统，因此相应技术标准也错综复杂。家庭网络的发展趋势是将智能家居中其他系统融合进去。

3）网络家电

网络家电是将普通家用电器利用数字技术、网络技术及智能控制技术设计和改进的新型家电产品。网络家电可以实现互联，组成一个家庭内部网络，同时这个家庭网络又可以与外部互联网相连接。可见，网络家电技术包括两个层面：第一个层面是家电之间的互联问题，也就是使不同家电之间能够互相识别，协同工作；第二个层面是解决家电网络与外部网络的通信，使家庭中的家电网络真正成为外部网络的延伸。

要实现家电间的互联和信息交换，就需要解决以下问题：① 描述家电的工作特性的产品模型，使得数据的交换具有特定含义；② 信息传输的网络媒介。在解决网络媒介这一难题中，可选择的方案有电力线、无线射频、双绞线、同轴电缆、红外线、光纤。比较可行的网络家电包括网络冰箱、网络空调、网络洗衣机、网络热水器、网络微波炉、网络炊具等。网络家电未来的方向也是充分融入家庭网络。

4）信息家电

信息家电是一种价格低廉、操作简便、实用性强、带有 PC 主要功能的家电产品。利用电脑、电信和电子技术与传统家电（包括电冰箱、洗衣机、微波炉等白色家电和电视机、录像机、音响、VCD、DVD 等黑色家电）相结合的创新产品，是为数字化与网络技术更广泛地深入家庭生活而设计的新型家用电器。信息家电包括 PC、机顶盒、HPC、DVD、超级VCD、无线数据通信设备、视频游戏设备、Web TV、Internet 电话等，所有能够通过网络系统交互信息的家电产品都可以称为信息家电。音频、视频和通信设备是信息家电的主要组成部分。在传统家电的基础上，将信息技术融入传统的家电当中，使其功能更加强大，使用更加简单、方便和实用，为家庭生活创造更高品质的生活环境。比如，模拟电视发展成数字电视，VCD 变成 DVD，电冰箱、洗衣机、微波炉等也将会变成数字化、网络化、智能化的信息家电。

从广义的分类来看，信息家电产品实际上包含了网络家电产品，但如果从狭义的定义来界定，信息家电更多的是指带有嵌入式处理器的小型家用（个人用）信息设备，它的基本特征是与网络（主要指互联网）相连而有一些具体功能，可以是成套产品，也可以是一个辅助配件。而网络家电则是指一个具有网络操作功能的家电类产品，这种家电可以理解为普通家电产品的升级。

信息家电由嵌入式处理器、相关支撑硬件（如显示卡、存储介质、IC 卡或信用卡等读取设备）、嵌入式操作系统以及应用层的软件包组成。信息家电把 PC 的某些功能分解出来，设计成应用性更强的产品，具备高性能、低价格、易操作等特点。信息家电的出现将推动家庭网络市场的兴起，同时家庭网络市场的发展又反过来推动信息家电的普及和深入应用。

3. 智能家居系统概述

智能家居系统包含的主要子系统有家居布线系统、家庭网络系统、智能家居（中央）控制管理系统、家居照明控制系统、家庭安防系统、背景音乐系统（如 TVC 平板音响）、家庭影院与多媒体系统、家庭环境控制系统等八大系统，其中，智能家居（中央）控制管理系统、家居照明控制系统、家庭安防系统是必备系统，家居布线系统、家庭网络系统、背景音乐系统、家庭影院与多媒体系统、家庭环境控制系统是可选系统。

智能家居系统如图 5.5.2 所示。出门在外时，可以通过电话、电脑来远程遥控家居各

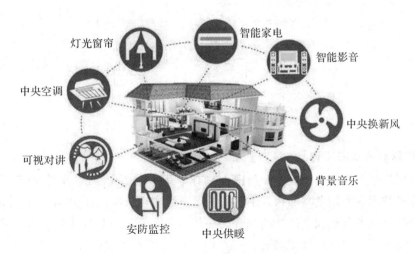

灯光窗帘　智能家电　智能影音　中央空调　中央换新风　可视对讲　背景音乐　安防监控　中央供暖

图 5.5.2　智能家居系统

智能系统。例如：在回家的路上提前打开家中的空调和热水器；到家开门时，借助门磁或红外传感器，系统会自动打开过道灯，同时打开电子门锁，安防撤防，开启家中的照明灯具和窗帘；回到家里，使用遥控器可以方便地控制房间内各种电器设备，可以通过智能化照明系统选择预设的灯光场景，在卧室里营造浪漫的灯光氛围。这一切，主人都可以安坐在沙发上从容操作，一个控制器可以遥控家里的一切，比如拉窗帘，给浴池放水并自动加热调节水温，调整窗帘、灯光、音响的状态；厨房配有可视电话，主人可以一边做饭，一边接打电话或查看门口的来访者；在公司上班时，家里的情况还可以显示在办公室的电脑或手机上，随时查看；门口机具有拍照留影功能，家中无人时如果有来访者，系统会拍下照片供主人回来查询等。

在智能家居系统产品的认定上，厂商生产的智能家居（智能家居系统产品）必须是属于必备系统，能实现智能家居的主要功能，才可称为智能家居。因此，智能家居（中央）控制管理系统、家居照明控制系统、家庭安防系统都可直接称为智能家居。而可选系统都不能直接称为智能家居，只能用智能家居加上具体系统的组合表述方法，如背景音乐系统称为智能家居背景音乐。将可选系统产品直接称作智能家居，是对用户的一种误导行为。

在智能家居环境的认定上，只有完整地安装了所有的必备系统，并且至少选装了一种及以上的可选系统的智能家居才能称为智能家居。

网关是广域网和外部网络中间的一个节点（见图 5.5.3），作为入口节点，它要能接受客户的远程访问，即要支持 TCP/IP 协议议并能提供 WEB 服务。另外，从用户体验角度来看，用户要能通过远端 PC 对整个网络进行控制。物联网网关处于物联网体系结构中的汇聚层，其两端连接的分别是传感网络和公共传输网络。物联网网关在家庭中的使用也是很有代表性的物联网应用。如今，家庭内部的许多家用设备形式越来越多样，有些设备本身就具备遥控能力，如空调、电视机等；有些设备如热水器、微波炉、电饭煲、冰箱等则不具备这方面能力。而这些设备即使可以遥控，其控制能力、控制范围都是非常有限的，并且这些设备之间都是相互孤立存在的，不能有效实现资源与信息的共享。随着物联网技术的发展，特别是物联网网关技术的日益成熟，智能家居中各家用设备间互联互通的问题也将得到解决。

图 5.5.3　互联网控制

4. 智能家居的发展趋势

智能家居最早兴起于国外,进入我国也只有十几年的历史。20 世纪 80 年代初,随着大量采用电子技术的家用电器面市,住宅电子化开始实现。80 年代中期,家用电器、通信设备与安全防范设备各自独立的功能综合为一体,又形成了住宅自动化概念。现在的智能家居主要指物联网技术下的智能家居。

美国的智能家居以数字家庭和数字技术改造为契机,偏重于豪华感,追求舒适和享受,但其能源消耗很大,不符合现阶段世界范围内低碳、环保和开源节流的理念。日本的智能家居的特点是开发、设计、施工规模化与集团化,以人为本,大量采用新材料、新技术并且合理利用信息、网络与人工智能技术,实现住宅技术现代化。德国的智能家居追求专项功能的开发,注重基本的功能性。韩国政府规定在新建小区中必须含有智能家居系统。

随着智能家居典型建筑在中国的快速发展,全国各地先后建起了许多规模很大的智能家居房屋和智能建筑体验中心。随着物联网理念的发展,智能家居将获得新的进展,例如,窗帘自动化,空调可以用手机控制,灯可以自动开启或者变成柔光,许多电器也可以用手机控制,如电饭煲、电冰箱、洗衣机等。

5.6　智 慧 物 流

智慧物流是利用集成智能化技术,使物流系统能模仿人的智能,具有思维、感知、学习、推理判断和自行解决物流中某些问题的能力。智慧物流的未来发展将会体现出以下特点:在物流作业过程中的大量运筹与决策的智能化;以物流管理为核心,实现物流过程中运输、存储、包装、装卸等环节的一体化和智慧物流系统的层次化;更加突出"以顾客为中心"的理念,根据消费者需求变化来灵活调节生产工艺;促进区域经济的发展和世界资源优化配置,实现社会化。智慧物流系统的四个智能机理即信息的智能获取技术、智能传递技术、智能处理技术、智能运用技术。

1. 智慧物流概述

智慧物流就是利用条形码、射频识别技术、传感器、全球定位系统等先进的物联网技术通过信息处理和网络通信技术平台广泛应用于物流业运输、仓储、配送、包装、装卸等基本活动环节,实现货物运输过程的自动化运作和高效率优化管理,提高物流行业的服务水平,降低成本,减少自然资源和社会资源消耗。物联网为物流业将传统物流技术与智能化系统运作管理相结合提供了一个很好的平台,进而能够更好地实现智慧物流的信息化、智能化、自动化、透明化以及系统的运作模式。智慧物流在实施的过程中强调的是物流过程数据智慧化、网络协同化和决策智慧化。智慧物流在功能上要实现六个"正确"，即正确的货物、正确的数量、正确的地点、正确的质量、正确的时间、正确的价格，在技术上要实现物品识别、地点跟踪、物品溯源、物品监控、实时响应。

2. 智慧物流中的物联网技术

1）自动识别技术

自动识别技术是以计算机、光、机、电、通信等技术的发展为基础的一种高度自动化的数据采集技术。它通过应用一定的识别装置，自动地获取被识别物体的相关信息，并提供给后台的处理系统来完成相关后续处理。它能够帮助人们快速而又准确地进行海量数据的自动采集和输入，在运输、仓储、配送等方面已得到广泛的应用。经过近 30 年的发展，自动识别技术已经发展成为由条码识别技术、智能卡识别技术、光字符识别技术、射频识别技术、生物识别技术等组成的综合技术，并正在向集成应用的方向发展。

条码识别技术是目前使用最广泛的自动识别技术，它利用光电扫描设备识读条码符号，从而实现信息自动录入。条码是由一组按特定规则排列的条、空及对应字符组成的表示一定信息的符号。对于不同的码制，条码符号的组成规则不同。较常使用的码制有EAN/ UPC 条码、128 条码、ITF－14 条码、交叉二五条码、三九条码、库德巴条码等。

射频识别技术是近几年发展起来的现代自动识别技术，它是利用感应、无线电波或微波技术的读写器设备对射频标签进行非接触式识读，达到自动采集数据的目的。它可以识别高速运动的物体，也可以同时识读多个对象，具有抗恶劣环境、保密性强等特点。

生物识别技术是利用人类自身生理或行为特征进行身份认定的一种技术。生物特征包括手形、指纹、脸形、虹膜、视网膜、脉搏、耳郭等，行为特征包括签字、声音等。由于人体特征具有不可复制的特性，这一技术的安全性较传统意义上的身份验证机制有很大的提高。人们已经发展了虹膜识别技术、视网膜识别技术、面部识别技术、签名识别技术、声音识别技术、指纹识别技术等六种生物识别技术。

2）EPC 技术

（1）EPC 简介。EPC(Electronic Product Code)即产品电子代码，是一种编码系统，建立在 EAN/UCC 系统条码的基础之上，并对该条码系统做了一些扩充，用以实现对单品的标识。

EPC 技术是 1999 年由美国麻省理工学院的自动识别研究中心开发的，旨在通过互联网平台，利用射频技术、无线数据通信等技术，构造一个实现全球物品信息实时共享的"物联网"，以提高现代物流、供应链管理水平，降低成本，被誉为是一项具有革命性意义的现代物流信息管理技术。

EPC 系统是一个非常先进的、综合性的复杂系统，其最终目标是为每一单品建立全球的、开放的标识标准。它由全球产品电子代码的编码系统、射频识别系统及信息网络系统三部分组成。

编码系统是新一代的与 GTIN 兼容的编码标准，它是全球统一标识系统 EAN·UCC的重要组成部分，是 EPC 系统的核心与关键。EAN·UCC 全球统一标识系统在我国简称为 ANCC 系统，是用于全球贸易的关于商品、物流单元、资产、位置和服务关系等的全球统一标识标准及相关的商务标准。

射频识别系统是实现 EPC 代码自动采集的功能模块，主要由电子标签和读写器组成。

电子标签是 EPC 的物理载体，附着于可跟踪的物品上，可全球流通并对其进行识别和读写。读写器与信息系统相连，是读取标签中的 EPC 代码并将其输入网络信息系统的设备。EPC 射频识别系统最大限度地为数据采集降低了人工干预，实现了完全自动化，是物联网形成的重要环节。

信息网络系统由本地网络和全球互联网组成，是实现信息管理、信息流通的功能模块。EPC 信息网络系统是在全球互联网的基础上，通过 EPC 中间件、对象名称解析服务（ONS）和 EPC 信息服务（EPCIS）来实现全球互联。

（2）EPC 系统结构。EPC 系统结构由电子标签、读写器、中间服务器、Internet、OSN 服务器、PML 服务器以及众多数据库组成。OSN 是一种全球查询服务，可以将 EPC 代码转换成一个或多个互联网地址。PML 即实体标示语言，是一种新型的计算机语言，EPC 系统中所有物品的信息都是用 PML 书写的。在 EPC 系统这个实物互联网中，读写器只是一个信息参考，由读写器从 Internet 上找到 IP 地址中存放的相关物品信息，采用分布式中间件系统处理和管理由读写器读取的一连串 EPC 信息。

（3）EPC 网络技术。EPC 网络是一项能够实现供应链中的商品快速自动识别以及信息共享的技术。EPC 网络使供应链中的商品信息真实可见，这会使组织机构更加高效地运转。EPC 网络的基本要素是产品电子代码（EPC）、识别系统（EPC 标签和识读器）、对象名称解析服务（ONS）、实体标示语言（PML）。

3）数据挖掘技术

数据仓库出现在 20 世纪 80 年代中期，它是一个面向主题的、集成的、非易失的、时变的数据集合，数据仓库的目标是把来源不同、结构相异的数据经加工后在数据仓库中存储、提取和维护，它支持全面的、大量的复杂数据的分析处理和高层次的决策支持。数据仓库使用户拥有任意提取数据的自由，而不干扰业务数据库的正常运行。数据挖掘是从大量的、不完全的、有噪声的、模糊的及随机的实际应用数据中，挖掘出隐含的、未知的、对决策有潜在价值的知识和规则的过程。数据挖掘一般分为描述型数据挖掘和预测型数据挖掘两种，描述型数据挖掘包括数据总结、聚类及关联分析等，预测型数据挖掘包括分类、回归及时间序列分析等。数据挖掘的目的是通过对数据的统计、分析、综合、归纳和推理，揭示事件间的相互关系，预测未来的发展趋势，为企业的决策者提供决策依据。

4）人工智能技术

人工智能就是探索用各种机器模拟人类智能的途径，使人类的智能得以物化与延伸的一门学科。它借鉴仿生学思想，用数学语言抽象描述知识，用以模仿生物体系和人类的智能机制，主要的方法有神经网络、进化计算和粒度计算三种。

神经网络是在生物神经网络研究的基础上模拟人类的形象直觉思维，根据生物神经元和神经网络的特点，通过简化、归纳，提炼总结出来的一类并行处理网络。神经网络的主要功能有联想记忆、分类聚类和优化计算等。虽然神经网络具有结构复杂、可解释性差、训练时间长等缺点，但由于其对噪声数据的高承受能力和低错误率的优点，以及各种网络训练算法如网络剪枝算法和规则提取算法的不断提出与完善，神经网络在数据挖掘中的应用越来越为广大使用者所青睐。

进化计算是模拟生物进化理论而发展起来的一种通用的问题求解方法。因为进化计算来源于自然界的生物进化，所以它具有自然界生物所共有的极强的适应性特点，这使得它能够解决那些难以用传统方法来解决的复杂问题。它采用了多点并行搜索的方式，通过选择、交叉和变异等进化操作反复迭代，在个体的适应度值的指导下，使得每一代进化的结果都优于上一代，如此逐代进化，直至产生全局最优解或全局近优解。其中最具代表性的就是遗传算法，它是基于自然界的生物遗传进化机理而演化出来的一种自适应优化算法。

早在 1990 年，我国著名学者张铋和张铃就进行了关于粒度（Granularity）问题的讨论，并指出人类智能的一个公认的特点，就是人们能从极不相同的粒度上观察和分析同一问题。人们不仅能在不同粒度的世界里进行问题的求解，而且能够很快地从一个粒度世界跳到另一个粒度世界，往返自如。这种处理不同粒度世界的能力，正是人类问题求解能力的表现。随后，Zadeh 讨论模糊信息粒度理论时，提出人类认知的三个主要概念，即粒度（包括将全体分解为部分）、组织（包括从部分集成全体）和因果（包括因果的关联），并进一步提出了粒度计算。他认为，粒度计算是一把大伞，它覆盖了所有有关粒度的理论、方法论、技术和工具的研究。目前粒度计算理论主要有模糊集理论、粗糙集理论和商空间理论三种。

5）GIS 技术

GIS 是打造智慧物流的关键技术与工具，使用 GIS 可以构建"物流一张图"，将订单信息、网点信息、送货信息、车辆信息、客户信息等数据都在一张图中进行管理，实现快速智能分单、网点合理布局、送货路线合理规划以及车辆监控与管理。

GIS 技术可以帮助物流企业实现基于地图的服务，具体包括以下几类：

（1）网点标注：将物流企业的网点及网点信息（如地址、电话、提送货等信息）标注到地图上，便于用户和企业管理者快速查询。

（2）片区划分：从"地理空间"的角度管理大数据，为物流业务系统提供业务区划管理基础服务，如划分物流分单责任区等，并与网点进行关联。

（3）快速分单：使用 GIS 地址匹配技术搜索定位区划单元，将地址快速分派到区域及网点，并根据该物流区划单元的属性找到责任人以实现"最后一公里"配送。

（4）车辆监控与管理：车辆监控管理系统对包裹从出库到到达客户手中的过程进行全程监控，减少包裹丢失；合理调度车辆，提高车辆利用率；利用各种报警系统设置，保证货物司机和车辆安全，节省企业资源。

（5）路线规划：物流配送路线规划辅助系统用于辅助物流配送规划，合理规划路线，保证货物快速到达，节省企业资源，提高用户满意度。

（6）数据统计与服务：将物流企业的数据信息在地图上通过可视化技术直观显示，通过科学的业务模型、GIS 专业算法和空间挖掘分析等方法，获得通过其他方式无法了解的趋势和内在关系，从而为企业的各种商业行为，如制定市场营销策略、规划物流路线、合理选址分析、分析预测发展趋势等构建良好的基础，使商业决策系统更加智能和精准，从而帮助物流企业获取更大的市场契机。

3. 智慧物流的前景

1）智能技术的应用分析

（1）智能获取技术使物流从被动走向主动，实现在物流过程中主动获取信息、主动监控车辆与货物、主动分析信息，使商品从源头开始被实施跟踪与管理，实现信息流快于实物流。

（2）智能传递技术应用于物流企业内部，也可实现外部的物流数据传递功能。

（3）智能处理技术应用于企业内部决策，通过对大量数据的分析，对客户的需求、商品库存、智能仿真等做出决策。

（4）智能利用技术应用于物流管理中的优化、预测、决策支持、建模和仿真、全球化管理等方面，使企业的决策更加准确和科学。

2）社会发展推动智慧物流进步

智能新技术在物流领域的创新应用模式不断涌现，成为未来智慧物流发展的基础，不仅推动了电子商务平台的发展，还极大地推动了行业发展。智慧物流将快速发展的现代信息技术和管理方式引入行业中，它的发展推动着中国物流行业的变革。

作为中国物流行业先行者的智慧物流，通过物流信息平台的搭建，率先实现物流行业信息化。智能技术在物流行业中的应用将加快智慧物流时代的到来。

2010 年，国家发改委委托中国工程院做了一个物联网发展战略规划的课题，课题列举了物联网在十个重点领域的应用。物流是其中热门的应用领域之一，"智慧物流"成为物流领域的应用目标。

然而，现阶段对智慧物流的诠释比较多的还是在技术层面，例如信息技术或传感器在物流中的应用等，呈现出技术推动的特色。而任何一种技术在产业界的大面积推广都要有双驱动——除了技术驱动外，还应该有产业驱动。

从物流领域来看，物联网只是技术手段，目标是物流的智能化。人们对智能的认识是一个逐渐深化的过程。早期人们认为自动化等同于智能。而后随着科技的发展，出现了一些新的智能产品，如智能手机、智能洗衣机等，它们能够从现场获取信息，并代替人作出判断和选择，而不仅仅是流程的自动化，此时的智能是"自动化＋信息化"。

随着互联网的出现，或者说进入物联网时代，智能的含义不仅包括通过自动采集信息来作出判断和选择，还要与网络相连，随时把采集的信息通过网络传输到数据中心，或者是指挥中心，由指挥中心作出判断，进行实时的调整，这种动态管控和动态的自动选择才是这个时代的智能。也就是说，智能应该具有三个特征，即自动化、信息化和网络化。

智慧物流的出现，标志着信息化在整合网络和管控流程中进入一个新的阶段，即进入一个动态的、实时进行选择和控制的管理水平。根据自身的实际水平和客户需求来确定信息化的定位是智慧物流未来的发展方向。

4. 智慧物流的发展趋势

运输成本在经济全球化的影响下，竞争日益激烈。如何配置和利用资源，有效地降低制造成本是企业所要重点关注的问题。要实现这种战略，没有一个高度发达的、可靠快捷的物流系统是无法实现的。随着经济全球化的发展和网络经济的兴起，物流的功能也不再是单纯地为了降低成本，也是为了提高客户服务质量以提高企业综合竞争力。当前，物流产业正逐步形成七个发展趋势，它们分别为信息化、智能化、环保化、企业全球化与国际化、服务优质化、产业协同化以及第三方物流。

1）信息化趋势

信息网络技术的发展和不断普及，推动传统物流方式向物流信息化转变。物流信息化是现代物流的核心，是指信息技术在物流系统规划、物流经营管理、物流流程设计与控制和物流作业等物流活动中全面而深入的应用，并且成为物流企业和社会物流系统核心竞争能力的重要组成部分。物流信息化一般表现为以下三方面：

（1）公共物流信息平台的建立将成为国际物流发展的突破点。公共物流信息平台（Public Logistic Information Platform，PLIP）是指为国际物流企业、国际物流需求企业和其他相关部门提供国际物流信息服务的公共的商业性平台，其本质是为国际物流生产提供信息化手段的支持和保障。公共物流信息平台的建立能实现对客户的快速反应。现代社会经济是一个服务经济的社会。建立客户快速反应系统是国际物流企业更好地服务客户的基础。公共物流信息平台的建立，能加强同合作单位的协作。

（2）物流信息安全技术将日益被重视。基于网络技术发展起来的物流信息技术，使人们在享受网络飞速发展带来的巨大好处的同时也可能遭受安全危机，例如网络黑客的恶意攻击、病毒的蔓延、信息的泄露等。应用安全防范技术，保障国际物流企业的物流信息系统平台安全、稳定地运行是国际物流企业长期面临的一项重大挑战。

（3）信息网络将成为国际物流发展的最佳平台。连接全球的互联网从科技领域进入商业领域后，得到了飞速的发展。互联网以其简便、快捷、灵活、互动的方式，全天候地传送全球各地的信息，跨越时空限制，使整个世界变成"地球村"。网上信息流通的时间成本和交换成本空前降低。商务、政务及个人事务的信息都可以在互联网上传送。互联网已经成为全球信息交换的新平台。

2）智能化趋势

国际物流的智能化已经成为电子商务下物流发展的一个方向。智能化是物流自动化、信息化的一种高层次应用，物流作业过程中大量的运筹和决策，如库存水平的确定、运输（搬运）路线的选择、自动导向车的运行轨迹和作业控制、自动分拣机的运行、物流配送中心经营管理的决策支持等问题，都可以借助专家系统、人工智能和机器人等相关技术加以解决。

除了智能化交通运输外，无人搬运车、机器人堆码、无人叉车、自动分类分拣系统、无纸化办公系统等现代物流技术，都大大提高了物流的机械化、自动化和智能化水平。同时，还出现了虚拟仓库、虚拟银行的供应链管理，这都必将把国际物流推向一个崭新的发展阶段。

3）环保化趋势

物流与社会经济的发展是相辅相成的，现代物流一方面促进了国民经济从粗放型向集约型的转变，另一方面成为消费生活高度化发展的支柱。然而，无论在"大量生产—大量流通—大量消费"的时代，还是在"多样化消费—有限生产—高效率流通"的时代，都需要从环境的角度对物流体系进行改进，即需要形成一个环境共生型的物流管理系统。环境共生型的物流管理就是要改变原来经济发展与物流、消费生活与物流的单向作用关系，形成一种促进经济和消费生活健康发展的物流系统，即向环保型、循环型物流转变。绿色物流正在这一背景下成为全球经济可持续发展的一个重要组成部分。

绿色物流是指在物流过程中降低物流对环境造成的危害的同时，实现对物流体系的净化和优化，从而使物流资源得到充分的利用。在我国，由于经营者和消费者对绿色经营、绿色消费理念的重视，绿色物流正日益受到广泛和高度的关注，企业的绿色物流平台初步被搭建起来。不少企业使用"绿色"运输工具，采用小型货车等低排放运输工具，降低运输车辆尾气排放量；采用"绿色"包装，使用可降解的包装材料，提高包装废弃物的回收再生利用率；开展绿色流通加工，以规模作业方式提高资源利用率，减少环境污染。到 2005 年年底，全国已有 12 000 多家企业获得了 ISO14000 环境管理体系认证，800 多个企业、18 000 多种规格型号的产品获得环境标志认证。物流绿色化作为一种可持续发展的观念正在得到普遍认同。

4）企业全球化与国际化趋势

近些年，随着经济全球化以及我国对外开放不断扩大，更多的外国企业和国际资本"走进来"和国内物流企业"走出去"，推动国内物流产业融入全球经济。在我国承诺国内涉及物流的大部分领域全面开放之后，USP、联邦快递、联合包裹、日本中央仓库等跨国企业不断通过独资形式或控股方式进入中国市场。外资物流企业已经形成以长三角、珠三角和环渤海地区等经济发达区域为基地，分别向东北和中西部扩展的态势。同时，伴随新一轮全球制造业向我国转移，我国正在成为名副其实的世界工厂，在与世界各国之间的物资、原材料、零部件和制成品的进出口运输上，无论是数量还是质量正在发生较大变化。这必然要求物流国际化，即物流设施国际化、物流技术国际化、物流服务国际化、货物运输国际化和流通加工国际化等，促进世界资源的优化配置和区域经济的协调发展。

5）服务优质化趋势

消费多样化、生产柔性化、流通高效化时代使得社会和客户对现代物流服务提出更高的要求，为传统物流形式带来了新的挑战，进而使得物流发展出现服务优质化的发展趋势。物流服务优质化努力实现"5 Right"的服务，即把好的产品在规定的时间、规定的地点，以适当的数量、合适的价格提供给客户，这将成为物流企业优质服务的共同标准。物流服务优质化趋势代表了现代物流向服务经济发展的进一步延伸，表明物流服务的质量正在取代物流成本，成为客户选择物流服务的重要标准之一。

6）产业协同化趋势

21 世纪是一个物流全球化的时代，制造业和服务业逐步一体化，大规模生产、大量消费使得经济中的物流规模日趋庞大和复杂，传统的、分散的物流活动正逐步拓展，整个供应链向集约化、协同化的方向发展，成为物流领域的重要发展趋势之一。从物流资源整合和一体化角度来看，物流产业重组、并购不再仅仅局限于企业层面上，而是转移到相互联系、分工协作的整个产业链条上，经过服务功能、行业资源及市场的一系列重新整合，形成以利益供应链管理为核心的、社会化的物流系统；从物流市场竞争角度来看，随着全球贸易的发展，发达国家一些大型物流企业跨越国境展开连横合纵式的并购，大力拓展物流市场，争取更大的市场份额。物流行业已经从企业内部的竞争拓展为全球供应链之间的竞争；从物流技术角度来看，信息技术把单个物流企业连成网络，形成环环相扣的供应链，使多个企业能在整体的管理下实现协作经营和协调运作。

7）第三方物流趋势

随着物流技术的不断发展，第三方物流作为一个提高物资流通速度、节省仓储费用和资金在途费用的有效手段，已越来越引起人们的高度重视。第三方物流是在物流渠道中由中间商提供的服务，中间商以合同的形式在一定期限内，提供企业所需的全部或部分物流服务。经过调查统计，全世界的第三方物流市场具有潜力大、渐进性和高增长率的特性。它的潜力性集中表现在它极高的优越性，具体表现在：① 节约费用，减少资本积压；② 集中主业；③ 减少库存；④ 提升企业形象，给企业和顾客带来众多益处。此外，大多数公司开始时并不是第三方物流服务公司，而是逐渐进入该行业的。可见，它的发展空间很大。

综合可知，在竞争日益激烈的 21 世纪，进一步降低物流成本，选择最佳的物流服务，提高自身产品的竞争力，必将成为商家在激烈的商战中取胜的主要手段。物流必将以多方向的趋势更快更好地发展。

5.7　智慧农业

智慧农业是信息现代化技术与人的经验、智慧的结合及应用所产生的新的农业形态。物联网技术在农业中的应用，既能改变粗放的农业经营管理方式，也能提高动植物疫情疫病防控能力，确保农产品质量安全，引领现代化农业发展。近十年来，随着智慧农业、精准农业的发展，泛在通信网络、智能感知芯片、移动嵌入式系统等技术在农业中的应用逐步成为研究的热点。在智慧农业环境下，信息和知识成为重要投入主体，并能大幅度提高物质流与能量流的投入效率。智慧农业是现代农业发展的必然趋势和高级阶段，而物联网在农业领域的广泛应用，既是智慧农业的重要内容，也是现代农业的强大技术支撑。

1. 物联网技术在智慧农业中的应用

1) RFID 技术在智慧农业中的应用

（1）在农畜产品安全生产监控方面：RFID 技术在畜牧业中得到了应用，通过射频信号自动识别目标对象，获取相关数据和 RFID 单元中载有的关于目标物的各类相关信息，可以记录动物的个体信息、免疫疾患信息、养殖信息、交易流转信息等，通过这些信息可在任何监控点上还原该动物体的生命过程，一旦发现传染病的发生，可以直接追溯到源头，及时采取控制措施，同时也可对违规养殖和交易者及时处理。

（2）在动物识别与跟踪方面：动物识别与跟踪一般利用特定的标签，以某种技术手段与拟识别的动物相对应，并能随时对动物的相关属性进行跟踪与管理。在动物识别中使用 RFID 代表了当前动物识别技术的最高水平。在动物身上安装电子标签，并写入该动物的 ID 代码，当动物进入 RFID 固定式读写器的识别范围，或者工作人员拿着手持式读写器靠近动物时，读写器就会自动将动物的数据信息识别出来。

2) WSN 技术在智慧农业中的应用

在进行农业信息采集时，有线传输方式仅适合于测量点位置固定、长期连续监测的场合，而对于移动测量或距离很远的野外测量，则需要采用无线方式。无线传感器网络具有易部署、低功能、节能、成本低、无线、自组织等特征，非常适合用于农业信息采集。目前，通过无线传感器网络可以把分布在远距离不同位置上的通信设备连在一起，实现相互通信和农业信息的资源共享。

3) 智能大棚

温室大棚在不适宜植物生长的季节，能提供生育期和增加产量，多用于低温季节喜温蔬菜、花卉、林木等植物栽培或育苗等，因此对种植作物生长环境的要求要精确得多。

大多数农户对温室的加温、通风和对作物的浇水等仅凭感觉。人感觉冷了就加温，感觉闷了就通风，感觉干了就浇水，没有科学依据。农业进入信息化时代后，对温室内部的空气温湿度、土壤温湿度、CO_2 浓度及光照等农业环境信息的采集也越来越受到人们的重视。因此，将物联网技术引入温室大棚中，可实现温室种植的高效和精准化管理。智能大棚系统如图 5.7.1 所示。

图 5.7.1　智能大棚系统

在温室环境里，单栋温室可利用物联网技术，采用不同的传感器节点和具有简单执行机构的节点（风机、低压电机、阀门等工作电流偏低的执行机构）构成无线网络来测量土壤湿度、土壤成分、pH 值、降水量、温度、空气湿度和气压、光照强度、CO_2 浓度等，以获得作物生长的最佳条件，通过模型分析、自动调控温室环境、控制灌溉和施肥作业，从而获得植物生长的最佳条件。

对于温室成片的农业园区，通过接收无线传感汇聚节点发来的数据，进行存储、显示和数据管理，可实现所有基地测试点信息的获取、管理和分析处理，并以直观的图表和曲线方式显示给各个温室的用户，同时根据种植植物的需求提供各种声光报警信息和短信报警信息，实现温室集约化、网络化远程管理。

此外，物联网技术可应用到温室生产的不同阶段，把不同阶段植物的表现和环境因子进行分析，反馈到下一轮的生产中，从而实现更精准的管理，获得更优质的产品。

2. 智慧农业的发展趋势

近十年来，美国和欧洲的一些发达国家相继开展了农业领域的物联网应用示范研究，实现了物联网在农业生产、资源利用、农产品流通领域，物—人—物之间的信息交互与精细农业的实践与推广，形成了一批良好的产业化应用模式，推动了相关新兴产业的发展。同时，这些研究还促进了农业物联网与其他物联网的互联，为建立无处不在的物联网奠定了基础。我国在农业行业的物联网应用中主要实现农业资源、环境、生产过程、流通过程等环节信息的实时获取和数据共享，保证正确规划以提高资源利用效率。

农业智能装备在一定程度上代表着农业现代化水平。中国农业智能装备技术中的智能监测发展将向总线化、无线化、网络化、智能化、集成化、微型化方向发展，发展的重点将是智能监测生物传感器和环境信息传感器开发。智能控制将向分布式网络化控制、实时模糊化控制、嵌入式控制方向发展，发展的重点将是智能控制技术及设备开发。智能检测将向智能诊断、实时在线检测、虚拟仪器方向发展，发展的重点将是智能检测技术及设备开发。

　　要实现真正的智慧农业，就必须解决如下问题：一是农业传感设备必须向低成本、自适应、高可靠、微功耗的方向发展；二是农业传感器网络必须具备分布式、多协议兼容、自组织和高通量等功能特征；三是信息处理必须达到实时、准确、自动和智能化等要求。物联网技术的发展，将是实现传统农业向现代农业转变的助推器和加速器，也将为培育物联网农业应用相关新兴技术和服务产业发展提供无限商机。

5.8　智慧城市

　　智慧城市是把基于感应器的物联网和现有互联网整合起来，通过快速计算分析处理，对网内人员、设备和基础设施实施，特别是交通、能源、商业、安全、医疗等公共行业进行的实时管理和控制的城市发展类型。智慧城市是一个系统，也称为网络城市、数字化城市、信息城市，如图 5.8.1 所示。智慧城市不但包括人脑智慧、电脑网络、物理设备这些基本的要素，还会形成新的经济结构、增长方式和社会形态。

图 5.8.1　智慧城市

1. 物联网技术在智慧城市中的应用

1）城市基础设施

　　物联网主要应用在信息基础设施和城市基础设施中，如云计算平台与银行管理结合可以增强数据处理能力、储存能力以及数据可靠性。利用基于无线传感器网络的城市设施综合管理系统可以实时监测流量、水压和水质，对漏水情况及时进行处理。

2）城市政务

　　智慧城市的建设离不开高效的政府管理，运用现代物联网技术以及网络通信、计算机技术等，将政府管理和服务职能进行资源整合优化，使政府服务不断向智慧化方向发展，从而实现高效精准的公共管理，为社会机构和民众提供便捷的服务。

3）城市安全

智慧城市中的城市安全管理以互联网、物联网为基础，通过城市安全信息的全面感知、各系统协同运作、资源共享，建立统一的公共安全系统及应急处理机制，实现对公共安全的应急联动。在我国无锡市，物联网技术已被用于电动车防盗，只要电动车上安装了无线传感器，车主就可以随时查询车辆所处位置、使用状况等信息。

4）城市环境

基于物联网的城市环境系统可以自动给市民的移动设备发送提示，如当日是否适合户外运动等，市民还可以查询气象、交通等方面的信息。此外，系统还可以根据空气可吸入颗粒物浓度，自动开启道路洒水系统，从而减少可吸入颗粒物，降低城市热岛效应。

5）城市交通

物联网可作为城市交通智能化的技术基础，通过信息资源的自动整合与智能共享，实现便捷、安全、经济、高效的交通运输。例如，公交车上的全球卫星定位系统可以进行实时定位，并计算到达下一站的距离，然后将信息发送给车站的电子显示屏，使乘客可以知道某路车的预计到达时间。在西班牙的桑坦德，许多斑马线安装有传感器，当带有射频识别标识的老人或者儿童过马路时，智慧交通系统就能感知并适当延长红灯时间，保证老人和儿童顺利通过。

6）城市生活

物联网为居民生活智能化提供了很好的实现方式。例如，市民早上醒来，可以通过手机、手表获得身体状况监测评估信息，若持有者出现问题，系统会自动把信息发给医院。系统还能够对幼儿进行照料，根据幼儿的需要及时喂奶、测量体温，并把信息传给家长，以便家长做出决断。通过物联网追踪技术，市民还能查询食物的原产地。

2. 智慧城市的发展趋势

随着物联网网络技术的快速发展，在未来城市中物联网将会随处可见，成为和互联网、通信网络同样重要的基础设施之一。智慧城市对城市进行数字化管理，构建数字城市，并基于宽带互联网的实时远程监控、传输、存储、管理业务，实现对城市安全的统一监控、统一存储和统一管理。物联网将作为智慧城市的神经末梢，解决智慧城市的实时数据获取和传输问题，形成可以实时反馈的动态控制系统。同时，通过网络对物联网进一步组织管理，可形成具有一定决策能力和实时反馈的控制系统，将物理世界和数字世界连接起来，为智慧城市的普适信息服务提供必要的支撑。未来的智慧城市可以是高度自治的复杂系统、虚拟社会与现实社会的无缝融合，是人工生命实现高级演化、高度自治的复杂系统。如果将城市视为一个复杂系统，那么未来的城市必将是开放和高度自治的。随着物联网、基于环境的服务等技术手段的不断普及，未来的计算和服务将无处不在，使城市将具有智能性和自适应能力。与目前的网络虚拟组织和虚拟社会与现实社会截然分开的状况不同，在未来的城市里，由于网络无处不在，虚拟社会和现实社会将会无缝融合在一起，人们可以任意切换，但是在虚拟社会中的行为将会对现实产生直接影响。网络和数字化所构成的信息空间将和现实社会成为未来一体化社会的不同侧面。因此，可以认为，智慧城市是城市发展的新阶段，其核心思想是基于时空一体化模型，以网格化的传感器网络作为其神经末梢，形成自组织、自适应并具有进化能力的智能生命体，其关键是实时反馈的数字神经网络和自主决策系统。

物联网将物理世界和信息技术结合起来，具有改造社会的潜力。实际上，如果将智慧城市视为一个神经网络系统，物联网网络则作为智慧城市的"神经末梢"，将极大地增强智慧城市作为自适应系统的信息获取和实时反馈的能力。物联网技术的发展将大大加速智慧城市的到来。

习　　题

5.1　智慧医疗的发展分为七个层次，分别是什么？

5.2　智慧交通系统建设过程中的整体性要求更加严格，整体性体现在哪些方面？

5.3　当前在家庭网络所采用的连接技术是哪两大类？分别都包括哪些？

5.4　智慧物流的主要技术有哪些？

5.5　举例说明物联网技术在智慧农业中的某一应用。

参考文献

[1]   俞玉莲. 物联网感知层中的关键技术分析[J]. 科技信息，2013(12)：275 - 276.

[2]   刘强，崔莉，陈海明. 物联网关键技术与应用[J]. 计算机科学，2010，37(6)：1 - 4.

[3]   乌家培. 物联网产业及其发展[J]. 中国信息界，2011(4)：5 - 6.

[4]   郭维钧. 物联网技术在城市建设领域中的应用[C]. 2010 城市通卡发展年会暨全国城市公用事业 ic 卡应用和技术发展研讨会，2010.

[5]   赵协. 物联网技术在现代畜牧业中的应用[J]. 河南畜牧兽医：市场版，2014，35(3)：13 - 14.

[6]   李婷. 物联网体系架构[J]. 青春岁月，2013(14)：34.

[7]   刘勇，侯荣旭. 浅谈物联网的感知层[J]. 智能计算机与应用，2010(5)：55.

[8]   乔亲旺. 物联网应用层关键技术研究[J]. 电信科学，2011(S1)：59 - 62.

[9]   胡乐. 嵌入式系统在物联网中的应用[J]. 数字技术与应用，2012(8)：83.

[10] 刘靳，刘笃仁，韩保君. 传感器原理及应用技术[M]. 西安：西安电子科技大学出版社，2013.

[11] 刘军，阎芳，杨玺. 物联网技术[M]. 北京：机械工业出版社，2013.

[12] 何道清，张禾，谌海云. 传感器与传感器技术[M]. 2 版. 北京：科学出版社，2008.

[13] 陈华君，林凡，郭东辉，等. RFID 技术原理及其射频天线设计[J]. 厦门大学学报：自然科学版，2005，44(B06)：312 - 315.

[14] 李联宁. 物联网技术基础教程[M]. 北京：清华大学出版社，2012.

[15] 郝良彬，李有科，庄欣. RFID 的技术标准和相关规则[J]. 武汉纺织大学学报，2008，21(7)：19 - 21.

[16] 高建良. 物联网 RFID 原理与技术[M]. 北京：电子工业出版社，2013.

[17] 龙志强，李晓龙，窦峰山，等. CAN 总线技术与应用系统设计[M]. 北京：机械工业出版社，2013.

[18] 阳宪惠. 现场总线技术及其应用[M]. 北京：清华大学出版社，2008.

[19] 孙汉卿，吴海波. 现场总线技术[M]. 北京：国防工业出版社，2014.

[20] 鄂旭. 物联网关键技术及应用[M]. 北京：清华大学出版社，2013.

[21] 张飞舟. 物联网应用与解决方案[M]. 北京：电子工业出版社，2012.

[22] 卓滋德克，陈曙晖. 数据结构与算法[M]. 北京：清华大学出版社，2003.

[23] 陈卫卫，王庆瑞. 数据结构与算法[M]. 2 版. 北京：高等教育出版社，2015.

[24] 江家宝，程勇. 数据结构[M]. 北京：科学出版社，2011.

[25] 韩燕波，赵卓峰，王桂岭. 物联网与云计算[J]. 中国计算机学会通讯，2010(2)：58 - 62.

[26] 刘智慧，张泉灵. 大数据技术研究综述[J]. 浙江大学学报：工学版，2014，48(6)：957 - 972.

[27] 司品超，董超群，吴利，等. 云计算：概念，现状及关键技术[C]. 全国高性能计算机学术年会，2008.

[28] 罗军舟，金嘉晖，宋爱波，等. 云计算：体系架构与关键技术[J]. 通信学报，2011，32(7)：3 - 21.

[29] 李成华，张新访，金海，等. MapReduce：新型的分布式并行计算编程模型[J]. 计算机工程与科学，2011，33(3)：129 - 135.

[30] 黄晓云. 基于 HDFS 的云存储服务系统研究[D]. 大连：大连海事大学，2010.

[31] 杨继慧，周奇年，张振浩. 基于物联网环境的云存储及安全技术研究[J]. 中兴通讯技术，2012，18(6)：12 - 16.

[32] 蒋艳凰，赵强利. 机器学习方法[M]. 北京：电子工业出版社，2009.

[33] 贺玲，吴玲达，蔡益朝. 数据挖掘中的聚类算法综述[J]. 计算机应用研究，2007，24(1)：10 - 13.

[34] 段明秀. 层次聚类算法的研究及应用[D]. 长沙：中南大学，2009.

[35] 林士敏，田凤占，陆玉昌. 用于数据采掘的贝叶斯分类器研究[J]. 计算机科学，2000，27(10)：73 - 76.

[36] 韩磊，吴树芳，王子贤. 贝叶斯网络[J]. 电脑知识与技术：学术交流，2009，5(21)：5867.

[37] 栾丽华，吉根林. 决策树分类技术研究[J]. 计算机工程，2004，30(9)：94 - 96.

[38] 卢东标. 数据挖掘中决策树算法的研究和常见问题的解决[J]. 软件导刊，2007(21)：161 - 163.

[39] 蒋宗礼. 人工神经网络导论[M]. 北京：高等教育出版社，2001.

[40] 王伟. 人工神经网络原理[M]. 北京：北京航空航天大学出版社，1995.

[41] 焦李成. 神经网络的应用与实现[M]. 西安：西安电子科技大学出版社，1993.

[42] 熊茂华，熊昕，甄鹏. 物联网技术与应用实践[M]. 西安：西安电子科技大学出版社，2014.

[43] 王国锋. 智慧交通发展[C]. 中国公路学会交通工程分会 2011 年年会，2012.

[44] 佚名. 智慧交通系统[J]. 世界产品与技术，2015(1)：47.

[45] 吕莉，罗杰. 智能家居及其发展趋势[J]. 计算机与现代化，2007(11)：18 - 20.

[46] 童晓渝，房秉毅，张云勇. 物联网智能家居发展分析[J]. 移动通信，2010，34(9)：16 - 20.

[47] 柳志刚. 论新技术在智慧物流中的应用[J]. 江苏商论，2015(9)：28 - 29.

[48] 许莹. 智慧物流为行业指明方向[J]. 现代制造，2017(13)：1.

[49] 李岩，陈敏. 关于人工智能的几点思考[J]. 经济与社会发展，2001(1)：103 - 105.

[50] 佚名. 中国智能制造与智慧物流的未来发展[J]. 现代制造，2014(1)：26 - 27.

[51] 徐勇，裴莉. 物联网技术在智慧农业中的应用探究[J]. 电子测试，2016(9x)：91 - 92.

[52] 张丹，王建华，吴玉华. 物联网技术在农业温室大棚中的应用研究[J]. 安徽农业科学，2013(7)：3218 - 3219.

[53] 刑少娱. 物联网技术在智慧城市中的应用分析[J]. 电子技术与软件工程，2016

(14): 25.

[54] 杨阳. 关于智慧城市建设中物联网技术的有效运用分析[J]. 移动信息,2016(10): 00085 - 00086.

[55] Hebb D O. The organization of behavior[M] Neurocomputing: foundations of research. MIT Press,1988: 575 - 577.

[56] Rosenblatt F. Principles of neurodynamics[M]Principles of neurodynamics. Мир, 1962: 586.

[57] Widrow B. Generaliation and information storage in networks of adaline 'neurons' [M]Self - Organizing Systems. Spartan Books,1962: 435 - 461.

[58] Hunt K J, Sbardaro D, Zbikowski R, et al. Neural network for control systems — a survey[J]. Automatica,1989,28: 1083 - 1112.

[59] Kohonen T. Self - Organization and associative memory springer information sciences series[M]. 3rd ed. New York: Spring - Verlag,1989.

[60] Rumelhart D E, Mcclelland J L, Group T P. Parallel distributed processing: explorations in the microstructures of cognition[J]. Language,1986,63(4): 33.

[61] Hopfield J J, Tank D. Computing with neural circuits[J]. A Model Science,1986.

[62] Hunt E B, Marin J, Stone P J. Experiments in induction[J]. American Journal of Psychology,1966,80(4): 17 - 19.

[63] Berzal F. Data mining: concepts and techniques by Jiawei Han and Micheline Kamber[J]. Acm Sigmod Record,2002,31(2): 66 - 68.

[64] Omran M G H, Engelbrecht A P, Salman A. An overview of clustering methods[J]. Intelligent Data Analysis,2007,11(6): 583 - 605.

[65] Han Jianwei, Kamber Micheline. 数据挖掘概念与技术(原书第 2 版)(计算机科学丛书)[M]. 北京:机械工业出版社,2008.

[66] Friedman N, Dan G, Goldszmidt M. Bayesian network classifiers[J]. Machine Learning,1997,29(2/3): 131 - 163.

[67] Naisbitt J. Megatrends: ten new directions transforming our lives[J]. Houston Lawyer,1982.

[68] 百度百科. 射频识别技术[EB/OL]. https: //baike. baidu. com/item/％E5％B0％ 84％E9％A2％91％E8％AF％86％E5％88％AB％E6％8A％80％E6％9C％AF/ 9524139? fr＝aladdin.

[69] 慧眼网. ToF 相机[EB/OL]. http: //www. huiyan. com. cn/a/pc/20170225/ 721. htm.